这样就能办好家庭养猪场

席克奇　张书杰
赵静杰　韩　胜　编著

科学技术文献出版社
SCIENTIFIC AND TECHNICAL DOCUMENTATION PRESS
·北京·

图书在版编目（CIP）数据

这样就能办好家庭养猪场 / 席克奇等编著. —北京：科学技术文献出版社，2015.5

ISBN 978-7-5023-9590-2

Ⅰ.①这… Ⅱ.①席… Ⅲ.①养猪学 ②养猪场—经营管理 Ⅳ.①S828

中国版本图书馆 CIP 数据核字（2014）第 271173 号

这样就能办好家庭养猪场

策划编辑：乔懿丹 责任编辑：袁其兴 责任校对：赵 瑗 责任出版：张志平

出 版 者	科学技术文献出版社	
地 址	北京市复兴路15号 邮编 100038	
编 务 部	（010）58882938，58882087（传真）	
发 行 部	（010）58882868，58882874（传真）	
邮 购 部	（010）58882873	
官 方 网 址	www.stdp.com.cn	
发 行 者	科学技术文献出版社发行 全国各地新华书店经销	
印 刷 者	北京时尚印佳彩色印刷有限公司	
版 次	2015 年 5 月第 1 版 2015 年 5 月第 1 次印刷	
开 本	850×1168 1/32	
字 数	234千	
印 张	9.5 彩插4面	
书 号	ISBN 978-7-5023-9590-2	
定 价	25.00元	

前　言

　　近年来,随着我国农村产业结构的调整和有关"三农"政策的落实,家庭养猪业得到了迅速发展,许多农民投资于养猪业,涌现出一大批家庭养猪场,并逐步走上规模化养猪的道路。但是,目前养猪生产竞争激烈,受市场信息、产品价格、饲养技术、管理方法等诸多因素的影响,生产经营波折起伏。有些家庭养猪场经营得力,管理有方,在市场竞争中站稳了脚跟,获得了较大收益,生产得到了发展;相反,有些家庭养猪场经营不善,甚至不到一个生产周期就败下阵来,被迫停产下马。归纳总结经验教训,给我们以启示:养猪生产是农业生产的一部分,赢利水平不是很高,但科技含量比较高,必须把生产技术与经营管理有机结合起来,其中优良品种是养好猪的前提,生产技术是养好猪的保证,信息沟通是占有市场的条件,经营管理是获得赢利的关键。无论在哪一环节出现问题,都会给生产带来重大损失。因此,作为生产者,既要懂得生产技术,又要掌握各种信息,同时更要善于经营管理,这样才能使自己永远立于不败之地。

　　为了适应和促进我国养猪业的发展,满足家庭养猪的实际需要,使养猪生产向高产出、高效益,低消耗方向迈进,能够经得起市场经济的考验,并能在激烈的市场竞争中扩大生存发展的空间,获得更大的经济效益,编者总结目前国内各地家庭养猪场在生产中经营管理方面的成功经验,结合自己多年的工作体会,编写了《这样就能办好家庭养猪场》一书。

本书在写作上力求语言通俗易懂,简明扼要,注重实际操作,把家庭养猪场的经营管理与生产技术结合在一起。主要介绍了怎样建设好家庭猪场、在养猪生产中怎样做好管理工作、怎样做好家庭猪场的经济核算、怎样做好家庭猪场的产品营销工作、怎样选择好养猪品种、怎样为生产猪群配合饲粮、养猪的关键性技术有哪些、怎样防治养猪常见病等方面内容,可供养猪生产经营者及有关人员参考。

本书在编写过程中,曾参考一些专家、学者撰写的文献资料,因篇幅所限,未能一一列出,仅在此表示感谢。

编著者

目　录

一、怎样建设好家庭养猪场

猪场建设是养猪生产的前提条件。创造好的猪场环境,对猪群的疫病防治和生产性能的发挥至关重要,在生产中必须给予高度重视。

(一)怎样选择好猪场的场址和对猪场进行合理布局

1.猪场的场址选择

新建猪场选择场址是一项很重要的工作,场址选择得好坏,会影响养猪生产水平和经济效益。因此需要多方面考虑,避免造成浪费。选择场址应注意以下几项必要的条件。

(1)交通方便:一个养猪场每天要进出的物资(饲料、产品、粪便)数量很大,如果交通不方便,会增加运输费用,提高饲养成本。因此,选定的场址必须交通方便,但应比较僻静,远离交通干线(铁路、公路)、牲畜交易市场和屠宰场等,以防疫病传入。

(2)地势高燥平坦,排水良好:猪场应朝南或朝东南稍有斜坡,这样既便于排水,又能得到充足的阳光,冬季有利于防风。一般以砂质土壤为宜,低洼潮湿的地方不宜建猪场。

(3)水质要求良好:猪场的水源要充足,水质要清洁,取水要方便。饮水常常是疫病的传染媒介,最好是用地下水或自来水。

(4)要有充足的电力资源:随着机械化、电气化的发展,猪场无处没有电的存在,所以电力资源是必不可少的建场条件。

(5)与居民住宅要有一定距离,位于居民区的下风向。

2.猪场内的布局

猪场场址选定之后,即刻考虑猪场总体规划和布局问题,因为布局是否合理,直接关系到正常组织生产,提高劳动效率和降低生产成本,增加经济效益。场内各种建筑物的安排,要做到利用土地经济,布局整齐,建筑物紧凑,尽量缩短供应距离。猪场的总体布局应尽量使猪舍坐北朝南,各建筑物排列成行,把整个猪场划为生产区、管理区、生活区和隔离区四部分(见图1-1)。

(1)生产区:包括猪舍、饲料加工厂、饲料调制间、饲料仓库、人工授精室和交配场、消毒池等。猪舍是猪场的主要部分,应设在猪场中心较干燥的地方,位于办公室、宿舍区的下风向和病猪隔离舍的上风向。就猪舍布局来说,肥猪舍和仔猪舍应设在猪场进口较近的地方。种猪舍应设在猪场进口较远的地方。肥猪舍与种猪舍之间应有一定的距离,一般为60~100米。公猪舍与母猪舍应间隔10米以上,且位于母猪舍的上风向。为了配种方便,公猪舍离人工授精室或交配场地不能太远,人工授精室和交配场应设在母猪舍附近。每栋猪舍前后间距10~20米,左右间距10~15米,运动场可设在猪舍的一侧或两侧。

大型猪场在生产区的进口处应有卫生通过室和消毒池,凡进入生产区的人员应先洗手、消毒、更衣和换胶鞋。外来车辆要通过消毒池消毒后才准进入场内。

(2)管理区:包括猪场的办公室、会议室、接待室和车库等。从防疫的角度出发,管理区与生产区隔离,自成一院,其位置设在生产区的上风向。

(3)生活区:包括职工宿舍、食堂、文化娱乐室等,应位于生产区的上风向。

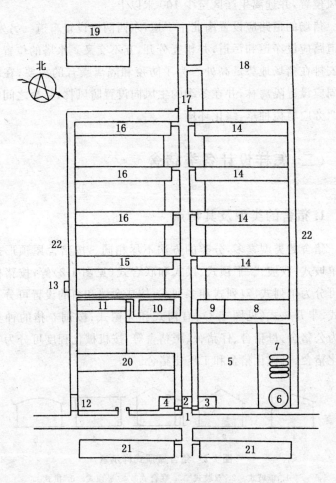

图 1-1　猪场平面布局示意

1. 大门　2. 消毒池　3. 消毒更衣室　4. 门房　5. 草料场　6. 水塔　7. 青
贮窖　8. 饲料库　9. 饲料加工调制间　10. 畜牧兽医室　11. 公猪舍
12. 装猪台　13. 厕所　14. 母猪舍　15. 后备猪舍　16. 肥猪舍　17. 后门
18. 积肥场　19. 病猪隔离舍　20. 办公室　21. 职工宿舍　22. 饲料生产地

(4)隔离区：包括兽医室、病猪室和尸体坑等，应设在生产区的下风位置，并远离生产区至少 100 米以上。

猪场的道路应设置南北主干道，东西两侧设置车道。另外，场内道路应设净道和污道，并相互分开，互不交叉。水塔的位置应尽量安排在猪场地势最高处。为了防疫和隔离噪音的需要，在猪场四周应设置隔离林，并在冬季的主风向设置防风林，猪舍之间的道路两旁应植树种草，绿化环境。

(二)怎样设计各类猪舍

1. 猪舍的类型及其特点

猪舍的类型繁多，分类的方法不尽相同。按猪舍屋顶形式可为单坡式、双坡式、平顶式、拱式和联合式（见图 1-2）等；按猪栏排列可分为单列式、双列式和多列式；按猪舍墙和窗的设置可分为开放式、半开放式（见图 1-3）、有窗式和无窗式；按饲养猪的种类可分为公猪舍、母猪舍、仔猪舍、肥猪舍等；按机械化程度可分为半机械化猪舍、机械化猪舍和工厂化猪舍。

图 1-2 猪舍屋顶式样示意

1. 单坡式 2. 双坡式 3. 联合式 4. 平顶式 5. 拱式

(1)单列式猪舍：在猪舍内有一列猪栏，根据形式又可分为带走廊的单列猪舍和不带走廊的单列猪舍。单列式猪舍投资少，结构简单，维修方便，且通风透光，一般适用于养猪专业户和小型猪场（见图 1-4）。

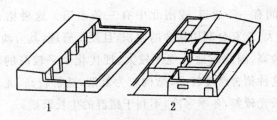

图 1-3　开放式和半开放式猪舍

1. 开放式猪舍　2. 半开放式猪舍

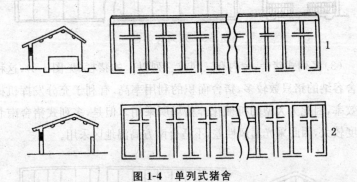

图 1-4　单列式猪舍

单列式猪舍根据其屋顶的形式又可分为单坡式、双坡式、平顶式、拱式和联合式等。

单坡式猪舍屋顶前檐高,后檐低,屋顶向后排水,这种结构通风透光,但保温性差;双坡式猪舍屋顶中间高,前后檐高度相当,两面排水,其通风透光及保温性能均较好,但造价比单坡式猪舍高;平顶式猪舍屋顶一般用钢筋混凝土制成,因此其造价较高,其隔热性能和排水性能均比较差,不适合南方高温多雨地区,但这种猪舍的结构牢固,可抵御风沙的侵袭,因此在北方较为适用。

单列式猪舍根据墙的设置又可分为开放式和半开放式两种。开放式猪舍三面有墙,一面无墙;半开放式猪舍三面设墙,一面为半截墙。

(2)双列式猪舍:双列式猪舍舍内有南北两列猪栏(见图1-5),中间有一条通道 或南北中有三条走道。这种猪舍结构紧凑,容量大,能充分利用猪舍的面积,且便于管理,其劳动效率比单列式猪舍高,因此较适合规模较大、现代化水平较高的养猪场使用。但这种猪舍跨度较大,结构较为复杂,造价较高,尤其是北面的猪栏采光较差,冬季寒冷,不利于猪群的生长繁殖。

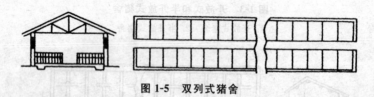

图1-5　双列式猪舍

(3)多列式猪舍:舍内有三列或三列以上的猪栏(见图1-6),这种猪舍容纳的猪只数较多,猪舍面积的利用率高,有利于充分发挥机械的效率,因此为大型的机械化养猪场所采用。但是,多列式猪舍南北跨度较大,因此采光通风性差,不适合南方高温地区采用。

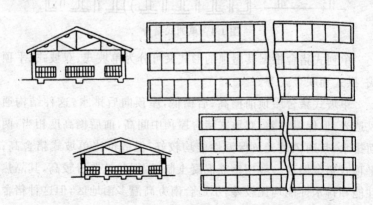

图1-6　多列式猪舍

(4)塑料暖棚猪舍:在我国北方寒冷地区采用开放式或半开放式猪舍,冬季的防寒保温性能很差。近年来,北方地区的不少猪场在冬季采用塑料薄膜覆盖猪舍的运动场,有效地提高了猪舍的防寒保温性能,取得了明显的经济效益。

2. 猪舍设计上的基本要求

猪舍建筑也是养好猪的重要条件,一栋理想的猪舍应具备以下要求。

(1)冬暖夏凉:猪舍气温高低对猪群保健和生长发育影响很大。气温过高,体热不易散发,猪的食欲降低,代谢机能减退,饲料利用率下降,对疾病的抵抗力降低;气温过低,增加猪体热能的消耗,因而猪的生长发育减缓,甚至停止生长或者感染一些疾病。解决的方法首先是正确选择猪舍的朝向,较理想的猪舍是坐北朝南,或坐西朝东南。这样,炎热的夏季多东南风向,可吹入猪舍内,保持凉爽,冬春季向阳,阳光直射猪舍内,光照时间长,可以自然取暖。其次还要考虑猪舍门窗设计,适当降低猪舍的举架,以不影响操作为宜。一般双坡单列封闭式猪舍前檐高 1.8 米,后檐高 1.6 米。另外,还要正确选用建筑材料(如空心大块砖),为猪舍冬暖夏凉创造条件。

(2)通风透光,保持干燥:通风对猪的体温散失有重要作用。通风可加快猪体热的散发,并可清除空气中的有害气体,改善空气中的化学成分和猪舍卫生,对猪舍地面干燥有很大作用。充足的光照可使猪舍保持干燥和冬季保温。在设计时应因地制宜,参照采光系数和通风率进行设计。

(3)便于日常操作:猪舍的过道、猪栏门、饲槽、水槽设计要合理,这样能便于操作。猪舍的过道宽度为 1.2~1.5 米;饲槽最好是在猪栏外,让猪把头伸到猪栏外面吃食,也可在猪栏内 2/3,猪栏外 1/3。这样,可以在添料时不被猪撞撒,减少饲料的损失。每个圈都要设门,门宽为 50~55 厘米,门高要和猪栏同高,而且要坚固。

(4)要有严格的消毒措施:猪舍的门口一定要设消毒池和消毒

装置,把传染病减少到最低限度。

3.猪舍建筑上的基本要求

在猪舍建筑上,总的要求是因地制宜,坚固耐用,经济实用。

(1)地基:猪舍一般不是高层建筑,对地基的压力不会很大,因此除了淤泥、沙土等非常松软的土质以外,一般中等以上密度的土层均可以作为猪舍的地基。

(2)基础:基础是猪舍的地下部分,也是整个猪舍的承重部分,常用碎砖、河卵石或混凝土等做成方形柱墩。基础深入地下的程度由建筑物的大小、地基的种类、地下水位的高低及冻土层的深度所决定。

(3)墙脚:墙脚是墙壁与基础之间的过渡部分,一般比室外的地面高出20～40厘米,在墙脚与地面的交接处应设置防潮层,以防止地下或地面的水沿基础上升,使墙壁受潮,通常可用水泥沙浆涂抹墙脚。

(4)墙壁:猪舍的墙壁要求坚固耐用,同时又要求具有良好的隔热保温性能,保护舍内的小环境不受外界气候急剧变化的影响。在我国多用草泥、土坯、砖以及石料等材料建筑猪舍。草泥或土坯墙的造价低且具有良好的隔热性能,冬暖夏凉,但是很容易被暴雨或大水冲浊,因此需要经常维修,一般只适用于气候干燥地区。石料墙坚固耐用,但保温性能差。砖墙也比较坚固,而且保温防潮,是较理想的猪舍墙体。

(5)屋顶:猪舍的屋顶要求结构简单、坚固耐用、排水便利,且具有良好的保温性能。在我国多采用稻草、瓦、预制板、泥灰、石棉瓦等材料修建屋顶。草料的屋顶造价低,且具有良好的保温性能,但不耐久,且防火性能差。瓦、预制板、石棉瓦等修造的屋顶坚固耐用,但造价较高,且保温性能不如草料的屋顶。

(6)地面:猪舍的地面要求坚实平整、无隙,保温性能好,具有一定的弹性,不透水,且具有适当的坡度(一般为 2%~3%),易于清扫和消毒。为了保持舍内干燥,舍内地面应比舍外地面高出 20~30 厘米。舍内地面可采用土、砖、水泥等材料修建,土质地面造价低,地面柔软,但容易渗水,地面不易保持平整,不利于清扫和消毒;砖砌地面坚固耐用,保温性能良好,但如果施工不当,地面不平整,砖缝易渗水,不易清扫和消毒,容易造成地面的污染和受潮;水泥地面坚固、平整,耐酸碱,不透水,易于清扫和消毒,但造价高,地面硬度大,导热性大,冬季需要铺设垫草,以防猪只受寒。目前我国一些猪场修建猪舍多用水泥地面,水泥地面一般用碎砖做基础,上铺混凝土(比例是水泥 1 份、沙子 3 份、石子 6 份)厚 10 厘米,压实抹平,再涂一层 2 厘米厚的水泥砂浆即成。

(7)门、窗:猪舍门的置首先应保证猪群的自由出入,以及运料和出粪等日常生产的顺利进行。因此,猪舍的门一般设在猪舍的两端,宽度与通道相等,高 2 米左右,不设门槛。猪舍过长时中部也可设门,便于饲养管理。

猪舍窗的位置和大小直接影响到舍内温度、光照度和湿度。窗户面积愈大,采光愈多,通气愈好,但散热也多,冬季保性能差。窗分直立式(高大于宽)与横卧式(宽大于高)两种。两者在面积相同的情况下,直立式比横卧式光照度大 15%~20%,但直立式没有横卧式保温好。

一般猪舍窗户的宽度南边为 1.2~1.5 米,高度为 0.7~0.8 米,窗台距地面 1.1~1.3 米。北面应小一些,高一些。

(8)舍内隔墙(隔栏):猪栏周围的隔墙要求坚固耐用,一般用单砖砌成,外抹水泥。也有用钢筋、钢管围成隔栏。前者取材方便,造价低;后者通风、透光良好,但造价较高。隔栏一般是固定的,但也可在猪栏间做活动的,这样便于调节猪栏面积,同时也便于机械化清粪。

(9)粪尿沟:粪尿沟要求平滑,有 1%~1.5% 的坡度。断面呈椭圆形,宽15厘米,深10厘米。粪尿沟单列式猪舍设在运动场的墙外边,双列式猪舍设在中央两侧。粪池设猪舍一端或猪舍外粪场处。粪池应不漏水,边缘高于地面,便于防雨保持肥效。粪池大小视饲养规模而定。

(10)通道:通道的宽度应根据猪栏排列形式和饲喂操作方式来决定。一般单列式猪舍,通道多设在靠北墙的一边,宽度1.2~1.5米。双列式猪舍通道多设在猪舍中间,宽度1.5米。

(三)家庭养猪场的主要设备有哪些

1.猪栏

猪栏的类型比较多,按猪栏构造可分为实体猪栏、栏栅式猪栏、综合式猪栏和装配式猪栏等。

实体猪栏为钢筋混凝土预制板或砌砖制成,优点是造价低,防风,安静,可减少疾病传播。缺点是视线受阻,通风不良(图1-7)。

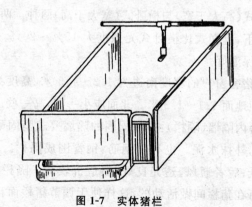

图 1-7　实体猪栏

栏栅式猪栏常用钢管、角钢、圆钢、钢筋等焊接成栅状,经装配固定而成。优点是通风,视线好,便于防疫消毒,但需钢材多,造价高(见图 1-8)。

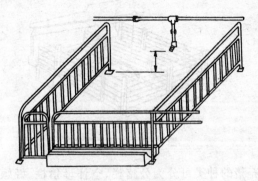

图 1-8　栏栅式猪栏

综合式猪栏有两种形式,一种是两猪栏相邻的隔栏,采用实体砖砌成短墙结构,走道正面为栅栏结构(见图 1-9)。另一种是猪栏下部为砖砌实体结构(约为 1/2),上部为栅栏结构,改进了实体猪栏视线差和通风不良的缺点。

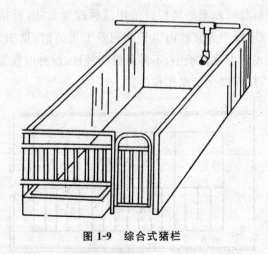

图 1-9　综合式猪栏

装配式猪栏由主体和钢管组成,立柱上有横向和纵向孔,随猪体型大小、数量多少变化,猪栏可作相应调整(见图1-10)。

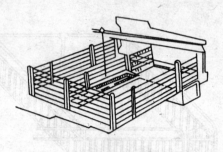

图1-10　装配式猪栏

　　按饲养猪的种类可分为公猪栏、空怀母猪栏、妊娠母猪栏、分娩栏(产仔栏)、保育栏和生长肥育猪栏等。

　　(1)公猪栏:猪栏结构有实体、栏栅式和综合式三种,面积一般为7～9平方米,高1.2米。公猪栏与待配母猪栏的配置一般有两种,第一种是公猪栏与待配空怀母猪栏紧密相连的配置方式,即3～4个待配母猪栏对应一个公猪栏,公猪栏同时又是配种栏,母猪配完种后赶回原来的猪栏。采用这种配置方式,母猪必须是单栏定位饲养,每个公猪栏内也只能饲养1头公猪(见图1-11)。这种配置方式的占地面积小,不需另设配种区,配种时仅需驱赶母猪到公猪舍,从而简化了操作程序。

图1-11　紧密配置方式

另一种配置方式是将公猪栏和待配母猪栏分为两列,相对配置,两列中间作为配种区(见图 1-12)。这种配置方式的占地较大,但有利于断奶母猪体质的恢复和公猪的运动。

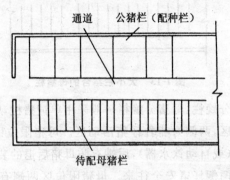

图 1-12　相对配置方式

(2)母猪栏

①普通母猪栏:由于采取的饲养方式不同,猪栏面积有所不同。如采用群养,每栏饲养母猪 5 头,猪栏面积为 7~9 平方米,每头母猪占 1.5~1.8 平方米。猪栏结构有实体,栏栅式和综合式 3 种,多为单过道双列式,栏高 1 米,地面坡度不要大于 1/45,地面不能过于光滑。

母猪(尤其是妊娠母猪)可采用单体限位饲养,即一个母猪栏饲养一头母猪。一般采用金属结构,典型尺寸为 2.1 米×0.6 米×1.0 米(即长×宽×高)。优点是猪栏面积小,便于观察母猪发情和合理饲养,环境相对安静(猪与猪之间干扰少),可减少机械性流产。但成本高,投资大,由于运动受到限制,增加了腿部、蹄部疾患的发病率,影响受胎率和利用年限。

妊娠母猪可采用大栏饲养、单栏饲喂的方式,饲喂时每一头母猪自动进入小栏内,采食结束在大栏内运动(见图 1-13)。

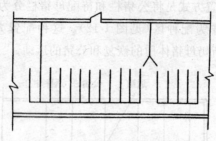

图 1-13　大小栏结合的母猪栏

②母猪分娩栏：母猪分娩栏一般采用单饲猪栏，中间部分为分娩母猪限位区，两侧为哺乳仔猪活动区。母猪限位区前端有饲料槽和饮水槽（或自动饮水器），后端有防母猪后退的装置（杆件或片件），以保持两侧仔猪安全往来。母猪限位区两侧有防压装置（杆状或片状）。在仔猪活动区设有补料槽和自动饮水器，必要时设保温箱，采用加热地板、红外线、热风器等，提高局部环境温度。分娩栏长度为 2.2～2.3 米，宽度为 1.3～2.0 米（母猪限位区宽度为 0.55～0.65 米）。高床式母猪分娩栏见图 1-14。

（3）断奶仔猪保育栏：仔猪断乳后转入保育栏。通常由钢筋编织的漏缝地网、围栏、自动食槽和连接卡等组成（见图 1-15）。猪栏由支撑架设在粪沟上面，猪栏多为双列式或多列式。底网有全漏缝和半漏缝两种，多用直径 5 米的冷拔钢筋编织而成，或用钢筋直接焊接，用异形钢材焊接，或用全塑料漏缝地板。

（4）生长肥育猪栏：生长肥育猪栏的形式较多，其隔栏结构有砖砌隔栏、金属隔栏及综合式隔栏等三种形式，地面结构有三合土、砖或水泥地面以及水泥或金属漏缝地板等几种形式，每头猪所占面积为 0.9～1.0 平方米，栏高 0.9～1.0 平方米，多为中间带走道的双列式猪栏。三合土地面导热性小，柔软舒适，但易被粪尿等污染，砖砌地面也存在同样的缺点，水泥则太硬，且导热性大，不利于猪只的健康。漏缝地板的优点是易于清洗和消毒，水泥漏缝地

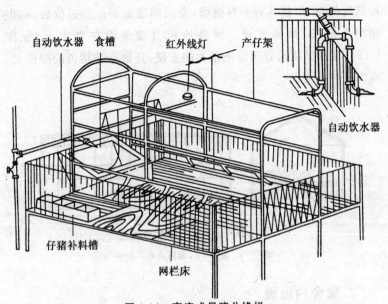

图 1-14　高床式母猪分娩栏

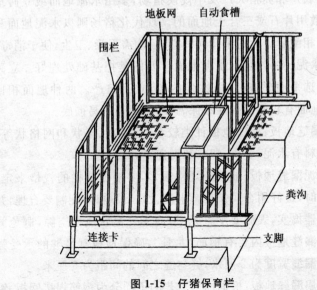

图 1-15　仔猪保育栏

板造价低廉，但损坏后不易维修；金属漏缝地板虽然造价较高，但使用寿命长，维修方便。漏缝地板直接架设在粪沟上（见图1-16），这种结构给管理带来很大的方便，其缺点是猪舍的湿度大，有害气体含量高。

图 1-16　双列式生长肥育猪栏
1. 猪栏　2. 通道　3. 漏缝地板　4. 粪沟

2. 猪舍内地面

一般农户和养猪大户及小规模猪场，多用水泥地面或立砖地面，有少数用片石或三合土地面的。现代化猪场则以水泥地面和漏缝地板相配套。无论采用何种方式，均需干燥、卫生，便于消毒。

（1）水泥、立砖地面：水泥地面首要的是把基础处理好。立砖地面要挑选平面整齐、抗压性强的砖，立直挤严。两种地面相比较，立砖地面有较好的弹性和保温性，但消毒不易彻底。

（2）漏缝地板：漏缝地板种类较多，有块状、条状和网格状等。使用的材料有水泥、金属、塑料和陶瓷等。

①水泥漏缝地板：地板的规格很多，要根据猪栏的规格来定。地板制作时，最好用金属模具。水泥、沙、石原料的配制要合理，并要用振动器捣实，表面要平整光滑，内无蜂窝状疏松空隙，避免粪尿积存。漏缝地板内要有钢筋"龙骨"，确保地板有足够的承受强度。地板漏缝宽度为 2 厘米，缝与缝之间的间距为 5 厘米。

②金属漏缝地板：根据加工工艺的不同分为钢筋焊接网板、钢

筋编织网板和铸铁块状地板等。钢筋焊接网板和编织网板,钢筋直径以4～5毫米为宜,也可用6.5毫米的,表面镀锌或塑料更好,缝宽1.8厘米。焊接与编织网板适用于分娩母猪和断奶仔猪,铸铁地板则适用于生长肥育猪栏。金属漏缝地板由于漏缝较大,粪尿易于下漏,缝隙不易堵塞,并有一定的防滑性。

③塑料漏缝地板:塑料漏缝地板是以工程塑料模压而成,条宽2.5厘米,缝宽2厘米。它可小块拼装组合,使用方便。该地板因其保温性能好、导热系数低而广泛应用于哺乳仔猪休息区和断奶仔猪保育栏。

3. 喂料设备

选用什么样的喂料设备,应考虑猪场的规模、资金、劳力、饲料资源和饲料形态等情况。理想的方式是将饲料厂加工的饲料,用运输车送入贮料塔,再通过螺旋或其他输送机,将饲料直接送进食槽或自动食箱。

(1)饲料塔:饲料塔多用0.25～3.0毫米厚镀锌钢板压型组装而成(见图1-17),容量2～10吨不等,贮存时间不宜过长,以2～3天为宜。应考虑气候、饲料含水量等因素。饲料塔各连接处要密封,应安装出气孔和料位提示器。

(2)饲料运输机:运输机是将饲料塔中的饲料输送到猪舍内,分送到饲料车、食槽或自动食箱内。目前国内常使用卧式搅龙输送机和链式输送机。卧式搅龙式输送机具有结构简单、适用范围广的特点,既可输送粉料、颗粒料、块状料,又可通过变换转数改变生产率。

(3)饲料车:饲料车在我国各类养猪场普遍使用,工厂化养猪场的饲料车,仅作为辅助送料设备,主要用于定量饲养的配种栏、妊娠栏和分娩栏的猪,将饲料从饲料塔运至食槽。饲料车有手推机动加料车和手推人工加料车。

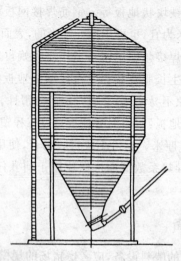

图 1-17　饲料塔

(4)食槽:食槽的种类较多,大体上可分为普通食槽和自动食槽两类。普通食槽根据其使用材料又可分为水泥食槽和金属食槽(见图 1-18),水泥食槽坚固耐用,价格低廉,既适合喂干料也适合喂湿拌料,同时还可饲喂干料。

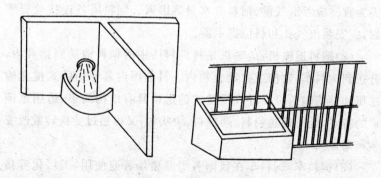

图 1-18　普通固定饲槽

自动食槽也称自动采食箱,一般由饲料箱和食槽两部分组成(见图 1-19),食槽中的饲料被吃掉后,饲料箱中的饲料会自动添加到食槽内,猪可以在任何时候自由采食,因此这种食喂方式可大大地节省劳动力,适用于机械化养猪。

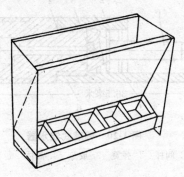

图 1-19　自动采食箱

4. 饮水设备

猪场的饮水设备有水槽和自动饮水器两种形式。水槽是我国传统的养猪设备,有水泥水槽和石槽等,这种设备投资小,较适合个体小型养猪场,其缺点是必须定时加水,工作量较大,且水的浪费大,卫生条件也差;自动饮水设备一般包括供水管道、过滤器、减压阀及自动饮水器等几部分。自动饮水器可以日夜供水,减少了劳动量,且清洁卫生,一般规模化养猪场多采用这种形式。自动饮水器分为吸吮式、杯式、乳头式和鸭嘴式等,目前国内多采用鸭嘴式饮水器和乳头式饮水器。

(1)鸭嘴式饮水器:可供10～15头猪饮水,一般安装在饮水区自来水管上。鸭嘴式饮水器构造简单,由鸭嘴体、阀杆、胶垫、固定弹簧等零件组成(见图1-20)。猪饮水时,将鸭嘴体衔于口内,挤压阀杆,克服弹簧压力,使阀杆胶垫与水孔偏离,于是水经饮水器管体流入猪的口腔中;当猪嘴离开阀杆时,阀杆在弹簧作用下,自动回位,饮水器停止供水。常用的9SZY-2.5型与9SZY-3.5型饮水器,它们的构造原理完全一样,只是出水孔径大小不同,分别为

2.5 毫米和 3.5 毫米,使水流量控制在每分钟 2000～3000 毫升。

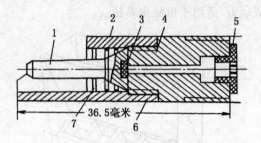

图 1-20 鸭嘴式饮水器

1. 阀杆 2. 弹簧 3. 胶垫 4. 阀体 5. 档圈

(2)乳头式饮水器:乳头式饮水器可供 10～15 头猪饮水。它由阀杆、钢球、饮水器体等部件组成。猪饮水时,向上拱动阀杆,抬起钢球由阀杆形成的两个密封圈被移动,于是水通过错开的间隙而流出。猪离开时,钢球和阀杆自动回位,停止供水。用乳头式饮水器时,主管道压力不得大于 19.6 千帕,否则水流通过饮水器时,将形成喷水现象,对猪只饮水不利。9SZR-9 乳头水器见图 1-21。

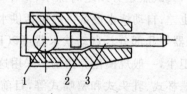

图 1-21 9SZR-9 乳头式饮水器

1. 钢球 2. 饮水器体 3. 阀杆

5. 保温与防暑设备

为了猪的生理需要,冬夏季节应根据各类猪的不同情况,做好防寒保暖和防暑降温工作,以利于养猪生产,提高经济效益。

(1)保温:目前国内养猪生产中母猪舍、分娩舍和保育猪舍多采用热风炉或煤炭炉来保温。热风炉每栋猪舍一般装 2 个即可,煤炭炉需要 6 个才能达到猪只所需的温度。但也有使用暖气设备来保温的,这种保温成本高,应慎重采用。因仔猪要求的温度比较高(30~35℃),应特制保温箱单独保暖。

(2)防暑:在炎热的夏天除将舍窗打开降温外,还可安装电风扇(吊扇)、排风扇等进行降温。另外,还可以采用喷雾式降温,这种方法降温快,效果好。

6.清粪设备

猪场的清粪有人工清粪、水冲清粪和机械清粪等几种形式。

个体养殖户及规模较小的养猪场一般多采用人工清粪,即主要靠饲养人员打扫猪舍内粪便,用车拉到粪场堆积起来进行发酵处理,处理的粪肥可作为农家肥料或养鱼的饲料。

水冲清粪多用于饲养规模较大的封闭式、双列式猪舍,粪尿沟设在猪舍中央通道下面,舍内各猪栏都有暗沟相通,每天用水将猪栏内粪尿冲入粪尿沟,粪尿沟由一端向一端倾斜。然后再通过总坑道流入舍外大的粪坑中,定期从大坑清出粪尿。

大型规模化养猪场多采用机械清粪。机械清粪一般要配合漏缝地板使用,其形式有铲式清粪机和刮板式清粪机等几种形式;另外,也有养猪场采用漏缝地板配合水冲清粪。

二、在养猪生产中
怎样做好管理工作

(一)怎样做好家庭养猪场的生产预测

家庭养猪场生产预测,是指生产者根据自身现有的经济条件和掌握的历史资料以及客观事物的内在联系,对生产经营活动的未来发展趋势和状况进行预计和测算。生产预测是家庭养猪场管理的重要职能,是决策的基础,它能为决策提供科学的依据。

1.市场调查

(1)市场调查的内容:市场调查的内容可分为两大类,一类是调查市场环境的宏观调查,另一类是调查市场有关专题的微观调查。

①市场环境调查:是指对影响家庭养猪场市场供求变化的环境所进行的调查,包括经济、政治、社会风俗习惯、文化教育状况、自然地理等状况。

②市场专题调查:是指家庭养猪场在市场营销中,为了达到一定的生产经营目的,在特定的范围内选定有关专题所进行的调查。

a.市场需求调查:市场需求包括现实的需求和潜在的需求,调查时,要把现实需求和潜在需求结合起来。一旦条件具备,潜在的需求就能转化为现实的需求。现实的需求通常有一定的限度,而潜在需求却是没有限度的,及时地、准确地了解潜在的需求,往往是家庭养猪场决策成功、兴旺发达的关键。市场需求调查主要调查市场的需求容量、消费结构及其发展变化趋势、市场需求影响因素等。

b. 消费者调查:即对消费者购买动机和购买行为所进行的调查。如消费者的性别、年龄、职业、民族、文化程度;消费者的收入水平、消费水平、消费结构、现实购买能力和潜在购买能力;消费者的需求对象、购买态度、购买动机和购买习惯;消费者对本家庭养猪场的信任、印象等。

c. 产品调查:即对消费者需求的产品及其评价所进行的调查。如消费者对家庭养猪场新老产品的质量、品味、包装、商标以及服务方式的评价;现有产品处于生命周期的哪一阶段,有否扩散的领域和新的用途;市场上同类产品的竞争对手及其势态特点等。

d. 价格的调查:即对消费者在产品价格变动下反应的调查。根据对价格的调查,为家庭养猪场制订新产品的价格,调整现有产品的价格提供决策依据。

e. 促销调查:即对消费者所要求的促销方式、公共关系、广告信息、互联网信息等的调查。

f. 渠道调查:即对消费者所要求的购销方式、运输、货栈、仓贮等的调查。

g. 竞争情况的调查:一是对竞争对象的调查,如同类产品有多少生产者,他们的生产能力、设备条件、技术水平、生产成本、运输条件如何等。二是对竞争产品的调查,如同类产品的品种、质量、价格、上市的时间以及在市场上的占有率等。

(2)市场调查的方法:市场调查方法很多,选择是否正确,对调查结果影响甚大,各种方法都有优缺点,必须因地制宜地选用。

①询问法:又称访问法,这是家庭养猪场市场调查中最常见的一种方法,简单易行,能及时获得比较全面而又客观的资料。此法

是将所拟调查的事项,当面或通过电话或书面向被调查者提出询问,以获得所需资料。询问调查之前,要有一定的准备,调查者应根据调查的目的,拟订出调查提纲或调查表格,逐项进行调查。询问法包括走访面谈、邀请座谈、电话询问、信函询问等具体方式。通常要求调查人员根据具体情况选择并应用合适的方式,但目的均是为了使被调查者回答"事实"、"意见"、"原因"三个方面的问题。例如,了解消费者的购买数量,是事实调查;了解消费者对本家庭养猪场产品的评价,是意见调查;了解消费者的购买动机,是原因调查。

②观察法:指通过调查人员或仪器从侧面观察家庭养猪场市场行情和购买行为,对观察到的情况、现象和有关数字进行实地记录或通过仪器进行收录,然后分析研究这些资料,得出调查结果。由于被调查者并未意识到自己受到调查,因而不致产生顾虑与拘束,这种调查具有一定的客观性,但往往难以深入观察消费者的心理活动。为此,要求调查人员应具有相当丰富的经验,而且最好与询问法结合使用,以取长补短。观察法可以为特定的目的专门使用,也可以作为调查询问的补充手段。

③实验法:又叫试销法。就是选定某一特定的市场,进行小规模的产品试销,以此进行市场销售"实验"。实验市场主要有物资交流会、商品展销会、看样定货会等。在实验市场上,可以一面推销产品,一面征询意见,从销售动向中分析产品销售的前景,尤其是新产品推销的前景。这种方法产销、产需直接见面,信息反应快,数据比较准确,故应用范围很广。凡是某种商品需要改变品种包装、设计、价格、广告、陈列方法等因素时,都可以用实验法,以调查顾客反应。实验调查方法客观,切合实际,但时间长,成本高,可变因素难以掌握。

④资料分析法:即通过对历史和现在的家庭养猪场市场资料的室内分析所进行的市场调查方法。这是一种间接的市场调查方

法,包括趋势分析和相关分析。

⑤网络信息法:就是通过国际互联网或企业内部互联网对家庭养猪场市场有关情况调查。家庭养猪场可以建立自己的电子商务网站,从网站上调查消费者对本家庭养猪场产品的满意程度。这种方法速度快,效益好,但有些消费者缺乏网络道德,使网络信息丧失一定的客观性。

(3)市场调查程序:为了取得好的调查效果,市场调查应有目的、有计划进行,要重视调查步骤的确立。通常,市场调查的程序为四个阶段,即准备性调查阶段、探测性调查阶段、正式性调查阶段和调查结果的处理阶段。

①准备性调查阶段:在这个阶段要做好以下三项工作。

第一,发现问题并使之具体化,包括找出征象、提出问题和做出是否进行调查的决定等。

第二,进行环境调查。当发现问题后,就要对所处的内外环境有一个充分的认识,并对形势的变化及影响做出客观的估计。

第三,确定命题。经过问题分析和环境调查,可以初步确定调查课题,以便做进一步的探测性调查。

②探测性调查阶段:虽然在准备阶段明确了调查的课题,但全面正式进行调查时,调查人员也可能对问题的范围和关键抓不住要害,使工作难以顺利完成。为此,要进行探测性调查。通常其资料来源主要有三个方面:一是现成资料,二是向专家和消费者征求,三是参考过去类似的资料。

③正式性调查阶段:在探测性调查的基础上,确定调查范围和目标(一般是要解决企业存在着的问题),拟订调查方案(一般包括调查目的、调查内容、调查地点、人员组织、调查方法和调查问卷设计等内容),然后全面正式地展开调查(搜集调查资料:第一手资料,即调查人员直接在市场上观察、记录和搜集的资料;第二手资料,即由他人搜集并经过整理发表的资料)。在这个阶段,工作效

果的好坏,与调查人员的素质密切相关。在这一阶段,家庭养猪场要选择有一定调查经验的工作人员。

④调查结果的处理阶段:调查来的全部资料,只有经过整理,区分鉴别,分析研究,才能发挥其应有作用。这里大致有三项工作:即整理资料、分析资料和提出调查报告(包括调查过程、主要数据、详细程度、情况摘要、调查结论、生产管理建议等)。

(4)市场调查类型:根据不同的市场调查目的,市场调查可分为三种主要类型。

①探索性调查:是指在情况不明时所进行的调查。这种调查的特点是有广度而没有深度,仅是探测情况的调查,是为专题调查提供资料。

②描述性调查:是指如实、详细、全面对调查对象所进行的调查。这种调查的特点是有深度而没有广度,要求实事求是地描述市场情况。

③因果关系调查:是指为了弄清问题的原因与结果之间的关系,搜集有关自变因素与因变因素的资料,分析其相互关系的调研活动。因果关系调查可分为两类:一类是由果探因的追溯性调查;另一类是由因测果的预测性调查。

上述三类市场调查,探索性调查的调查范围宽广,但调查的内容不具体;因果关系调查的范围狭窄,但调查目的明确,内容具体且有深度;描述性调查位居其中。在市场调查中,三种调查类型常交替、综合运用。

此外,按调查对象划分,家庭养猪场的市场调查又可分为全面调查与非全面调查。非全面调查包括抽样调查和典型调查等。按市场空间又可分为直接市场调查和间接市场调查等。

2. 生产预测的类型及特征

(1)家庭养猪场生产预测的类型

①按照生产预测的时间,可以分为长期预测、中期预测和短期预测。预测的不同期限,决定于预测对象的性质和预测的要求,不同的生产过程,具有不同的时间周期,因而需要有不同的预测期限。5年以上为长期,3年为中期,1年以内为短期。对于涉及家庭养猪场环境保护、生态平衡的预测则要更长的时间,而对于市场肉价的预测,则要以月、日或季节进行短期预测。

②按生产预测的方法,可以分为定性预测和定量预测。定性预测是指根据预测人员实践经验的积累和吸收有关人员的意见,推断未来的发展变化。这种预测方法简便,但带有较大的主观性,准确性差。定量预测是根据占有的系统可靠的资料、信息,在定性分析的基础上,按照一定的数学方法,进行定量计算分析,预测未来发展的趋势。这种方法可以防止主观随意性,但它忽视未来方针政策和社会心理因素的变化。

③按生产预测的具体对象和内容,可分为劳动力预测、流动资金预测、固定资产预测、生产成本预测、产品市场预测、产品销售预测等。通过预测,指出生产发展变化的前景,制定各项生产计划和指标。

(2)家庭养猪场生产预测的特征

①依据的客观性:家庭养猪场生产预测是以客观准确的历史资料和合乎实际的经验为依据所进行的,而不是毫无根据、纯主观的臆测。

②时间的相对性:家庭养猪场生产预测事先应明确规定某项预测对象的时间期限范围。预测的时间越短,受到不确定因素的影响越小,预测结果越准确;反之,预测的时间越长,受到不确定因素的影响就越大,则预测结果的精确性就要相对差一些。

③结论的可检验性:家庭养猪场生产预测应考虑到可能发生的误差,且能够通过对误差的检验进行反馈,调整预测程序和方法,尽量减少误差。

④方法的灵活性:家庭养猪场生产预测可灵活采用多种方法,在选择预测方法时,应事先进行(测试)试点,选择那些简便易行、成本低、效率高的一种或几种方法配套使用,才能达到事半功倍的效果。

3.生产预测的内容、程序和方法

(1)生产预测的内容:生产预测是在市场调查的基础上,为搞好家庭养猪场生产的决策和规划所作的分析、测算和判断。生产预测的内容很多,但在实际工作中,主要是对产品成本预测、产品市场需求预测、产品市场销售预测、产品市场占有率预测。

①产品成本预测:家庭养猪场产品成本的构成主要有原材料、劳动力、固定资产折旧等。做好全部产品成本预测的前提,就是要在市场调查的基础上,对其各个组成部分分别进行预测。比如:某家庭养猪场要进行 2006 年 9 月份的产品成本预测,根据市场行情,分析、估计猪饲料的价格情况,并计算其成本。同理,也要计算工人工资。将其若干局部成本预测结果加总,就完成了全部成本的预测。同时,还可以根据销售预测和存货预测的结果,完成单位成本的预测。

②产品市场需求预测:这是对家庭养猪场某种产品市场需求量和发展趋势的预测。家庭养猪场产品的需求量,是同社会对其购买力、消费水平、消费结构、消费习惯等因素密切联系的。消费范围的人口多少、收入水平、年龄结构及生活习惯等,对家庭养猪场产品的消费量都有重要影响。从消费角度看,家庭养猪场产品(如鲜肉、肉制品、仔猪等)属非生存必需品。这类产品的需求量弹性比较大,它往往随着产品的价格、质量、品种和消费对象的收入水平、消费结构等因素的变化发生波动。所以,市场需求量预测,对家庭养猪场产品来说,具有更重要的意义。

③产品市场销售量预测:销售量预测,就是预测下一时期某种

家庭养猪场产品可能售出的数量。市场销售量通常可以根据销售趋势(即时间序列)或市场因素(如价格、收入水平等)的变化来估算。

④产品市场占有率预测:市场占有率是指本家庭养猪场产品销售量或销售额占市场上同类产品总销售量或总销售额的比重。对市场占有率的预测,实际上是对家庭养猪场产品在市场上竞争能力的预测。市场占有率的预测,是在销售量预测的基础上进行的。市场占有率的计算公式如下:

$$市场占有率 = \frac{本家庭养猪场产品销售额}{同行业同类产品的总销售额} \times 100\%$$

如果已经掌握了市场需求量和市场占有率,也可以计算本家庭养猪场产品的预测销售量。计算公式如下:

本家庭养猪场预测销售量 = 市场总需求量 × 本家庭养猪场产品市场占有率

(2)生产预测的程序:要达到预测的目的,必须遵循一定的程序,虽然预测内容和方法很多,各有特点,但其程序和步骤是一致的。

①根据需要确定预测的内容、目标和期限。如某猪场预测明年生产指标,内容为单产和总产,期限为1年,预测内容要明确、具体。

②收集和分析预测资料。收集影响预测对象未来发展的内部条件和外部环境各方面资料(一是家庭养猪场内部的计划、产量、成本、销售量、利润等资料;二是家庭养猪场外部的政治、经济、文化、科技及国家公布的统计数据;三是市场调查资料),并进行整理、分析和选择。如预测猪肉产量,需要搜集同猪肉产量有关的自然、技术、经济因素。没有现成资料,则需进行调查和专访,以尽量取得比较系统、全面的资料。在整理中,对于偶然的和非正常的资料要进行剔除,对于技术性的差错要进行核对,对有矛盾的资料要

查明原因。

③选择预测方法。选用何种方法是依据预测目的、占有资料情况、对预测准确度的要求、预测费用和经济过程的特点等决定的。在可能情况下,应综合运用几种方法。

④建立数学模型。建立相应的数学模型,抽象地描述经济实体及其相互关系。

⑤进行预测的计算。依据数学模型进行具体运算,求出初步预测结果,并列出数学模型中没有包括的因素,对预测数值进行必要的调整。

⑥书写预测报告。预测报告应包括预测目的、预测方法、预测结果、误差范围、预测结果分析,提供预测值的注意事项,以及保证预测值实施的策略、措施等内容。

⑦评定和鉴别。预测与实际难以完全相符,经常会有误差,要及时检查其误差程度,分析误差原因。如果是由于预测方法和数学模型不完善,就要改进模型重新计算;由于不确定因素的影响,则应估计其影响程度,进行必要的调整。

生产预测是一项十分复杂细微的工作,为了增强预测的科学性和有效性,必须把个别经济过程的预测,与其他相关的经济过程联系起来进行分析(如预测猪饲料的成本要同相关的经济作物的发展联系起来分析),综合考虑影响经济发展的因素,使预测系统化。

(3)生产预测的方法:生产经营预测的方法多种多样,大体上有两大类可供选择,即定性预测和定量预测。预测的基本原则是"以销定产,产销平衡"。

①定性预测法:定性预测又称判断预测,它是指预测者根据已有资料,依靠个人的经验和分析能力,对生产经营情况未来的变化趋势做出判断。这种方法主要用于在市场调查所获得数据和资料不够充分,或预测对象受外界因素的影响比较复杂,不便于应用某

种定量方法的场合。定性预测由于简单适用,费用不大,能够综合考虑各方面相互制约因素,故得到了广泛的应用。现介绍目前常用的几种定性预测方法。

a. 经验判断法:又叫直观判断法,主要是凭经营者的经验和判断能力来进行预测。这种预测方法的正确程度与预测者的业务水平和经营经验直接相关。当预测者对市场情况有充分的了解,也具有丰富的经验时,预测结果比较准确;如果预测者缺乏有关市场的知识和经验,或者掌握的情况不充分时,则预测的结果误差较大。这种方法简便易行,在短时间内可以得出预测的结果,故在没有充分的数据资料可供利用的情况下,是一种较常用的方法。

b. 集体判断法:由家庭养猪场总经理(场长)召集熟悉市场行情的有关部门负责人,集体讨论、研究、分析、判断,以预测今后一定时期内商品供求变化及其发展趋势。此法的优点是迅速、及时和经济,并能发挥集体的智慧。其缺点是主观因素大,且易被少数权威的意见所左右,带有一定的风险性。

c. 专家意见调查法:由对市场营销有专门研究且有丰富经验的专家进行判断的预测方法。此方法挑选若干专家,让其充分发表意见,并反复多次,能集中专家的集体智慧,可避免权威人士的影响,提高预测的可靠性,但费时间,工作量大,支付经费较多。

d. 主观概率调查法:主观概率调查法由预测人员对预测问题做出预测判断,再征求各位专家的意见,以形成主观概率,然后求出各位专家主观概率的平均值,确定出预测结果。此法是前述集体判断与专家意见法的综合。此法的特点是简便易行,又能充分发挥专家的作用,预测的准确性较高。

e. 客户意见法:就是直接听取客户的意见后确定预测结果。做法是家庭养猪场事先列出一份用户名单,然后通过当面询问、电话询问、邮寄询问、订货会、客户座谈会、商品展览、定期填报需求登记表等方式,争取与所有客户和潜在客户取得联系,了解其购买意向。这种方法能否取得成功主要靠用户合作。

　　②定量预测法：定量预测方法，是根据各种统计资料和数据，运用数学方法来进行分析，找出市场需求规律，然后做出判断。定量预测法比较客观，可以消除定性预测中主观心理因素带来的偏差。它的不足之处是对一些非定量经营因素难以做出精确的定量估计。

　　A.简单平均法：是一种简便的预测方法，如果预测对象在短期内没有明显的变化趋势，就可以采用这种方法。它只需要将过去统计的实际观察值加以平均，得到的平均值，即可作为下一期的预测值。此法把各资料期数据的影响都平均化，即远期和近期因素对预测值都具有同等影响程度，所以有时预测结果与实际情况出入较大。

　　B.移动平均法：移动平均法是简单平均法的一种改进。如果认为预测期未来的状况与近期状况有关，而与较远时期的状况联系不大，则可采用移动平均法来预测。移动平均法是采取按时间序列的次序逐次推移求出几个元素的平均值，即每移动一次就添入一个新的观察数值而去掉前一次求平均值时所采用的最早期的观察数值，根据设定的移动期数目来求出平均值。用移动平均值作为下一预测期的预测值，可以减少偶然因素的影响，起到数据平滑的作用。移动平均法求预测值的步骤如下：

　　a.按下式求得全部移动平均值。

$$\bar{y}_{t+1} = \frac{1}{n} \sum_{i=1}^{n} y_i$$

　　式中：$\bar{y}_{t+1}$为第 $t+1$ 期的移动平均值；y_i 为第 i 期的实际观察值；n 为取平均值的期数，可视具体情况酌定；i 是全部观察值按时间排列的序号。

　　例如：已知某家庭养猪场 2004 年 1～12 月的逐月销售额如表 2-1 所示。现分别取 $n=3$ 和 $n=5$ 计算移动平均值，并依次将

$t+1$ 期移动平均值写在[$t+1-(n+1)/2$]期的观察值后。如 $n=$
3 时,第 $t+1=4$ 期移动平均值。

表 2-1　移动平均数据

观察期 (月份)	观察值 (万元)	3个月移动值		5个月移动值	
		平均值	趋势值	平均值	趋势值
1	52				
2	56	52.0			
3	48	50.7	−1.3	50.0	
4	48	47.3	−3.4	48.4	−1.6
5	46	46.0	−1.3	45.6	−2.8
6	44	44.0	−2.0	43.0	−2.6
7	42	40.3	−4.3	42.6	−0.4
8	35	41.0	+0.7	43.4	+0.8
9	46	43.7	+2.7	45.0	+1.6
10	50	49.3	+5.6	47.4	+2.4
11	52	52.0	+2.7		
12	54			54.6	
2005 年 1 月	预测值	57.4			

$\overline{y}_{t+1} = (y_3+y_2+y_1)/3 = (52+56+48) \div 3 = 52.0$ 写于 y_2
后面,其余类推。

b. 比较前后两期移动平均值的变化,求出趋势变动值。例如
当 $n=3$ 的移动平均法中,第一个移动平均值为 52.0,第二个平均
值为 50.7。比较结果,得到第二个移动平均值较第一个移动平均
值减少 1.3。

依此类推可求出全部趋势值。

c.求预测值,其计算公式为:

$$预测值=最后一期预测值+\frac{n+1}{2}×最后一个趋势值$$

如上例中,选 $n=3$ 时,最后一期移动平均值为 52.0,最后一个趋势值为 2.7,代入公式可算得预测值为 57.4。同理可得 $n=5$ 时的预测值为 54.6。

一般说来,移动平均法具下述特点:Ⅰ. 移动平均模型具有平滑数据的作用,它能在一定程度上描绘时间序列的发展趋势。

Ⅱ. 合理选择 n 值是用好移动平均法的关键。n 取数越大,平滑作用越强,但滞后偏差也越大;n 取数过小,则结论相反;若 n 取数等于全部观察数值,则成为简单平均法。

移动平均法的优点是简单易行,不足之处是需要的观察数据存储量大,并且有一定的误差。

Ⅲ. 指数平滑法:它实际上是一种特殊的加权移动平均法。它在某种程度上克服了移动平均法的缺点,比移动平均法前进了一步,因为移动平均法中的每个观察数据对未来预测值均有影响,但近期观察值大小对其影响最大。实际上有时预测值并非只与较近的过去时间序列有关,因此有必要对其影响较大的观察期数据给予较大的权数,作用较小的观察期数据给予较小的权数。

指数平滑法的数学模型为:

$$Y_t = aX_{t-1} + (1-a)Y_{t-1}$$

式中 Y_t 为 t 期预测值;Y_{t-1} 为最近一期预测值;X_{t-1} 为上一期(最近一期)的实际观察值;a 为平滑系数,一般取 $0<a<1$。

这个公式可以理解为预测值是上一期实际观察值和前一期预测值的加权平均所得的结果。其 a 值的选定取决于实际情况,若近期数据作用大,a 值应取大些;反之,则取得小些。一般可按下述情况处理。

A.如果观察值的长期趋势变动为接近稳定的常数,则应取居

中的 a 值,如,0.4～0.6,使观察值对预测值中具有大小相似的影响。

B.如果观察值呈现明显的周期性变动时,则宜取较大的 a 值,如 0.7～0.9,这样使近期观察值对预测值具有较大的影响,从而使观察期的近期数值迅速地反映于未来的预测值中。

C.如果观察值的长期趋势变动比较缓慢,则宜取较小的 a 值,如 0.1～0.3,这样使远期的观察值的特征也能反映在预测值中。

例如:某家庭养猪场逐月肉猪销售量列于表2-2中第二栏,分别以 $a=0.3$、0.6 和 0.9 来计算。各月的预测值也列于表内。

表 2-2　指数平滑法实例

观察期 月份	观察值 （头）	预 测 值		
		取 $a=0.3$	取 $a=0.6$	取 $a=0.9$
0	50*	50*	50*	50*
1	52	50.0	50.0	50.0
2	47	50.6	51.2	51.8
3	51	49.5	48.7	47.5
4	49	50.0	50.1	50.7
5	48	49.7	49.4	49.2
6	51	49.2	48.5	48.1
7	40	49.7	50.0	50.7
8	48	48.8	44.0	41.0
9	52	46.7	44.4	47.2
10		47.2	49.0	51.5

* 代表基期数据

④季度变动预测法:影响市场需求的规律性因素,会引起趋势

性变动和季节变动。一般家庭养猪场(仔猪、肉猪等)的销售会呈现出明显的季节性变动,应该用适当的定量方法来反映这种变动规律,使预测更为精确。季度变动预测有几种不同的计算方法,这里只介绍季节指数法。

季节指数法是利用历年销售资料数据,求出各季节指数,然后根据季节指数和当年已知销售量(或计划销售量),来预测其他各季销售量。

例如:某家庭养猪场销售肉猪(头)如表 2-3 中所示,对 2006 年作出销售量预测。

第一步:将历年各季数据对齐列表,计算周期平均值。

$$周期平均值 = \frac{各年同季数}{年数}$$

表 2-3 某家庭养猪场季度销售量表

年度	春	夏	秋	冬	各季平均
2003 年	990	1110	1040	1580	1180
2004 年	1230	1370	1290	1830	1430
2005 年	1440	1600	1480	2080	1650
周期平均	1220	1460	1270	1830	总平均:1420
平均季节指数	0.86	0.95	0.89	1.29	
2006 年预测值	1500	1657	1552	2550	

$$如春季平均值 = \frac{990+1230+1440}{3} = 1220(头)$$

其余类推计算,得出其他各季平均值。

第二步:计算总平均值。可将周期平均值相加后,除以季数:

$$\frac{1220+1360+1270+1830}{4} = 1420 \text{(头)}$$

第三步:求季节指数。

$$季节指数=\frac{周期平均值}{总平均值}$$

$$如春季季节指数=\frac{1220}{1420}=0.86$$

同样，可求出夏季、秋季及冬季季节指数分别为 0.95、0.89、1.29。

第四步：计算 2006 年夏季预测值。

如已知 2006 年春季销售量为 1500 头，则夏季预测值为：

$$1500\times\frac{0.95}{0.86}=1657(头)$$

如预测全年的销售量为 8000 头，也可按 0.86、0.95、0.89、1.29 的比例推算各季的销售量。

⑤因果预测法：因果预测法也叫相关分析预测法。它重在分析事物之间的内在关系。市场经营活动中的各种现象既有相互联系，又相互影响。如人口增加与食品需要量；学生人数与文教用品销售额等。在这些关联现象中有的是原因，有的是在这一原因下发生的结果。如果我们能够正确地分析判断市场现象中的因果关系，以及这些因果关系的数量规律，则知其因，便能测其果。这就是因果预测法的基本原理。

下面介绍一元线性回归预测法。一元回归分析法就是分析一个因变量和一个自变量之间的关系。设 x 为自变量，y 为因变量，则计算公式为：

$$y=a+bx$$

其中 a 与 b 是待求的常数。

应用最小二乘法求解 a 与 b 的方程式为：

$$b=\frac{n\sum xy-\sum x\sum y}{n\sum x^2-(\sum x)^2}\quad a=\frac{\sum y-b\sum x}{n}$$

例如：某养猪场通过调查发现，某种猪肉产品在某地区销售量与该地区居民人均月收入有关,已知该地区连续 6 年的历史资料如表 2-4 所示,假设 2006 年该地区居民人均月收入为 700 元。

表 2-4　资料

年度	2000 年	2001 年	2002 年	2003 年	2004 年	2005 年
居民人均月收入(元)	350	400	430	500	550	600
猪肉产品销量(万千克)	10	11	12	14	15	16

要求:用回归直线分析法预测 2006 年的销售量。

解:根据所给资料,列表计算如下:

表 2-5　资料计算

年份	居民人均月收入 x	猪肉产品销售量 y	xy	x^2	y^2
2000	350	10	3500	122500	100
2001	400	11	4400	160000	121
2002	430	12	5160	184900	144
2003	500	14	7000	250000	196
2004	550	15	8250	302500	225
2005	600	16	9600	360000	256
$n=6$	$\sum x = 2830$	$\sum y = 78$	$\sum xy = 37910$	$\sum x^2 = 1379900$	$\sum y^2 = 1042$

根据公式计算:

$$b = \frac{n\sum xy - \sum x \sum y}{n\sum x^2 - (\sum x)^2} = \frac{6 \times 37910 - 2830 \times 78}{6 \times 1379900 - 2830^2} = 0.02$$

$$a = \frac{\sum y - b\sum x}{n} = \frac{78 - 0.02 \times 2830}{6} = 3.57$$

$$y = 3.57 + 0.02x$$

因为 2006 年居民人均收入为 700 元,所以该种猪肉产品在该地区销售量为:$3.57+0.02×700=17.57$(万千克)

在回归预测方法中,还有多元回归和非线性回归。多元是指观察值散布点图可能呈二次函数的双曲线,或数函数曲线,一般情况下可参照一元回归求 a、b 的方法回归函数,列出非线性方程,再进行预测。在现实工作中较少应用,故不展开介绍。

(二)怎样做好家庭养猪场的生产经营决策

1. 家庭养猪场生产经营决策的作用和内容

家庭养猪场生产经营管理的重点在于决策。生产经营决策是指为实现生产经营目标,根据客观可能性,在占有一定的资料、信息和经验的基础上,借助于一定的手段和方法,从若干个生产经营方案中,选择一个最优的方案组织实施的过程。

(1)生产经营决策的作用:家庭养猪场为了取得较好的经济效益,对家庭养猪场远期或近期生产经营目标以及实现这些目标有关的一些重大问题所做出的选择和决定,它关系到家庭养猪场的生存和发展。所以,生产经营决策在家庭养猪场中有着极其重要的作用。

(2)生产经营决策的内容

①生产经营方向决策:生产经营方向,一般指家庭养猪场的产品生产方向,即确定家庭养猪场是生产种猪或肉猪等。家庭养猪场要依据农业法和经济法进行合法生产经营,从社会的实际需要出发,从家庭养猪场的经营条件出发,科学地确定生产经营方向。

②生产经营目标决策:生产经营目标,是指家庭养猪场在一定时期内的生产经营活动中应该达到的水平和标准。其内容主要包括贡献目标、市场目标和利益目标。

③生产经营技术决策：家庭养猪场选用什么样的物质技术设备，采用什么样的生产技术和方法，如何进行设备更新、技术改造和提高职工的技术水平，都直接关系到家庭养猪场的前途。正确的生产经营技术决策，能使生产发展建立在可靠的物质技术基础上。

④生产组织决策：生产组织决策的主要内容是生产组织机构的设立、技术力量的配备、职工的安排等。正确的生产组织决策、对改善经营管理，提高劳动效率具有重要作用。

⑤生产中财务决策：具体包括扩大生产能力的投资决策、产品定价和降低产品成本的决策、加速资金周转、提高盈利水平的决策等。

2. 生产经营决策的程序和基本要求

(1)生产经营决策的程序：决策工作不能凭个人的主观愿望，而要根据资料和情况，按照一定程序，运用科学方法，才能使决策尽可能准确、合理，符合事物发展变化的规律。决策程序是：

①提出问题：有问题才需要决策，提出问题是发掘有待决策的领域，这是决策的第一步。要解决问题，必须对问题有充分的认识，才能对症下药。

②搜集整理资料：搜集、整理情报资料，是分析问题的基础，也是进行决策的依据，只有正确的情报资料，才能产生正确合理的决策。情报资料的来源包括家庭养猪场内部的正式资料，如各种资源调查资料、计划表、统计数字和总结资料等；家庭养猪场内部的非正式资料，如会议汇报资料、调查资料等；家庭养猪场外部的有关资料，如国家规划、政策、法令，市场行情，各种新技术、新工艺、新设备等。现有资料不能满足时，还要进行调查，以补充其不足。

对情报资料要求是及时、准确、完整、经济。及时，指及时记录、及时传递，失机则失效；准确，指如实反映情况，不捕风捉影或弄虚作假;完整,指提供全面的数据、情报;经济,指取得情报资料所花费用不能超过它可能产生的经济价值。

③确定决策目标:确定目标是生产经营决策的关键程序,它是确定和选择各种决策方案的重要依据。决策目标是生产经营管理期望达到的目标,它要求具体,明确(即可以计算其成果、可以规定其时间、可以确定其责任、划分必达目标和希望实现目标)。目标选不准,决策也很难准确。生产经营决策目标有单一性的,如产量目标。也有复合性目标,如生产结构决策,既要考虑增产增收,又要考虑生态平衡以及国家任务和自给任务等。当目标互相矛盾时,要进行归类合并,或把一些目标改为限制条件。

④设计各种可行方案:设计可行方案以供选择,是决策的重要条件。可行方案主要来源于 3 个方面,其一是用过去拟定的同类方案,其二是移植其他家庭养猪场拟定过的类似方案,其三是提出新的方案。

设计方案的过程是决策机会的寻找过程,一般要求越多越好,这样可供选择的余地就越大。要把所有可行方案都尽可能不遗漏地提出来,如果遗漏就可能将最好方案排除在外。因此,要让猪场职工都能发表意见,集中大家的设想形成可行方案。各种方案都有其优缺点,开始时,不要评头品足,横加指责,应鼓励职工解放思想,大胆提出新方案。这不仅是搞好决策的关键,也是人力资源开发的重要一环。

⑤可行方案的评价和择优:方案是否可行,要符合如下 3 个标准。

第一,经济效益高。即投入少,见效快,收益早,效益大。

第二,家庭养猪场的发展应有利于农业生态平衡,有利于人们的健康和社会安定,以取得良好的社会效益。

第三,要符合人们的要求,满足社会的需要。产品适销对路,价值和使用价值才能实现。

　　经过评价,筛选出可行方案,作为初步决策方案。但任何方案都不可能十全十美,因此,在从正面评价其经济效益外,还要从另一个侧面估计和分析其实施可能发生的不良效果,即有无风险。家庭养猪场生产经营决策工作应对各方案的效益和风险大小之间作权衡,然后做出抉择。

　　⑥执行家庭养猪场生产经营决策:执行生产经营决策的重要工作是使广大执行者对决策充分了解和接受;把决策目标分解落实到每个执行单位,明确其责任;制定相应的措施和政策,保证决策的正确执行;通过控制系统的报告制度,迅速及时地掌握实施过程的具体情况。

　　⑦跟踪检查:在生产经营决策付诸实施后,管理人员还不能确定其结果一定符合于原定的目标,必须有一套跟踪和检查的办法,以保证所得结果与决策的期望值相一致。

　　(2)生产经营决策的基本要求

　　①可行性:生产经营决策方案应该是可行性的方案。可行性方案是指实施程序比较简单,实施条件容易满足,实施的可能性较大的方案。可行性是决策的前提,一定的技术、经济条件对实现预定目标,有着约束作用,称为约束条件。其中影响最大的而又有限的条件,称为限制因素。这些约束条件和限制因素,是权衡决策方案是否可行的主要依据。在各备选方案中,对各项约束条件均能适应,并能使限制因素得到最大程度利用的,便是可行性最大的方案。

　　②科学性:生产经营决策方案要符合自然规律、经济规律和技术规律的要求。正确的决策必须综合研究自然规律、经济规律和技术规律,坚持科学发展观,进行充分的调查,严肃的分析论证,科学的选优。

　　③经济性:生产经营决策方案的经济效果要好。在确定生产经营项目时,一项合理的决策,应尽量选择投资少、见效快、收益大

的方案。决策目标应尽量做到数量化,以便选择经济效益最大的方案。因条件限制,不能选择最优方案的,应选择经济效益较优的方案。

④时效性:生产经营决策要有时间观念。社会经济、科学技术、商品市场供求不断变化,企业决策与时间有密切的关系。当断不断,议而不决,贻误时机,则降低时效及其价值。

⑤灵活性:生产经营决策要有一定弹性,有回旋的余地。因为人的预测总是有一定的局限性,家庭养猪场生产经营存在着气候、市场等不可控制的因素,决策难免会有一定的偏差,并可能导致严重的后果。因此,经营决策应有一定的应变能力,并有备用方案,以便应付出现的不测情况。

3. 生产经营决策的方法

随着现代管理理论和技术的不断发展,决策时"软"技术受到普遍重视,"硬"技术得到广泛应用和发展,"软"、"硬"结合技术也得到了普遍的重视和应用。所谓"软"技术就是定性分析,它是应用经济学、心理学和社会学的成就,再加上其他知识,把有关人员组织起来,充分发挥各方面专家的聪明才智的一种决策方法。它在战略决策、宏观决策中所起作用很大,可以弥补定量分析方法在某些场合无能为力、难以奏效的缺陷。所谓"硬"技术就是定量分析法,就是数学模型、多媒体计算机等在决策中的应用,使决策实现了数学化、模型化和电算化。所谓"软"、"硬"结合技术,就是把定量分析和定性分析合为一体,把数学模型和专家直观判断结合使用的一种决策方法。目前有不少决策都是运用定量分析开路,再经过有实践经验的领导和某些专家们反复分析研究,进行深入细致的定性分析,认为确属切实可行,然后再拍板定案的。家庭养猪场生产经营决策方法按照决策的可知程度分为确定型决策、风险型决策和不确定型决策。

(1)确定型决策方法:它是在对未来情况能准确掌握条件下进行决策。其因素是"定型化"的,各因素之间数量关系肯定,只要按一定的决策程序进行,就能做出确定的决策。其具体方法较多,主要有线性规划法和盈亏平衡点分析法(此方法在"怎样做好家庭养猪场的经济核算"中第三部分内容介绍)。下面重点介绍线性规划法。

线性规划法是运用数学模型进行决策的一种方法。线性规划所处理的,是在一组约束条件下寻求目标函数极大值(或极小值)的问题。如果约束条件都可以用一次方程来表示,目标函数也是一次函数,则该方程的函数关系的坐标图象就是直线。

线性规划的数学形式,包括目标函数和约束条件两部分。目标函数反映决策者的目的,它是由一些能为人们控制的变量所组成的函数。目标函数可以是收益或产值的最大值,也可以是成本或费用的最小值。约束条件是对目标函数中变量的限制范围,它是指为达到一定的生产目的所存在各种具有一定限制作用的生产要素,如猪舍、资金、劳动力等。用线性规划法进行分析,先要把决策目标列成一个函数式,把约束条件列成一个联立方程组,然后求出能够满足方程组的那些未知数。每组能满足方程组的未知数,都是一组可行解,其中有一组是可以满足目标函数要求的,叫做最优解。最优解所反映的就是最佳方案。

线性规划问题在约束条件少,决策变量也不多的情况下(只有两个变量,或两个以上,但能简化为两个的),可以用图解法求解;条件复杂的线性规划问题,则需要用多媒体计算机进行运算。现举例说明用图解法求线性规划问题:

假设某家庭养猪场2005年有劳动力40人,资金200万元,猪舍30个。当年饲养种猪和肉猪,每个猪舍所需劳动力、资金和能够取得的纯收入,如表2-6所示。在此情况下确定最佳的产品生产方案。

表 2-6　某家庭养猪场生产收入情况

项目	肉猪	种猪	劳动力和资金总量
劳动力(人)	1	2	40
资金(万元)	8	4	200
每猪舍纯收入(万元)	4	3	—

设 x_1 代表生产肉猪猪舍个数，x_2 代表种猪猪舍个数，Y 代表纯收入。

根据决策要求，列出线性规划数学模型如下：

目标函数：

$$Y = 4x_1 + 3x_2 \to 最大(纯收入)$$

约束条件：

$x_1 + 2x_2 \leqslant 40$ ·················①（劳动力约束条件）

$8x_1 + 4x_2 \leqslant 200$ ···············②（资金约束条件）

$x_1 + x_2 \leqslant 30$ ·················③（猪舍约束条件）

$x_1, x_2 \geqslant 0$ ·····················④（非负条件）

用图解法求解时，分两个步骤进行：第一步，先确定 x_1 和 x_2，即饲养种猪和肉猪的猪舍变动范围。由 x_1 和 x_2 非负条件，x_1 和 x_2 的值只能在第一象限内（如图 2-1）；第二步再寻求 x_1 和 x_2 的最优解。

在目标函数中，x_1 和 x_2 是两个一次性变量，所以，Y 的图像必然是一组互相平行的等值直线。我们先假设 $Y=0$，则 $4x_1 + 3x_2 = 0$，这是一条通过 O 点的直线，这条直线的斜率为（$-4/3$），以此划出通过 O 点的等值直线 HI（如图 2-2）。HI 直线所表示的 Y_1 值的大小，所以应将这条直线向右上方平行移动。通过 G 点作出平行于 HI 的直线 NP，即 $x_1 = 20$，$x_2 = 10$，此时目标函数的值：$Y_1 = 4 \times 20 + 3 \times 10 = 110$（万元）。$G$ 点是可行解，其空间

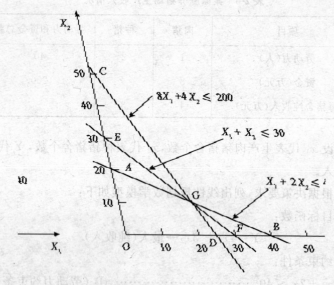

图 2-1 线性规划(一)

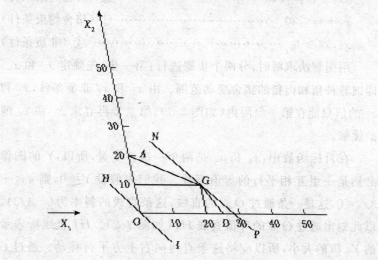

图 2-2 线性规划(二)

位于右上方的最高点,所以,G点所指示的变量值是最优解。由此可知,该家庭养猪场 2005 年可以用 20 个猪舍饲养肉猪,用 10 个猪舍饲养种猪,可使生产资源得到充分利用,并能够得到最大的纯收入。

(2)风险型决策方法:风险型决策也叫随机状态决策,是在决策者没有完全掌握与决策有关的自然状态信息的情况下,决策者必须在考虑几种可能发生自然状态及其概率的情况下做出决策,因而带有一定风险。其可信度较确定型决策差。但是,这是一种经常遇到的决策状态。

例如,根据市场调查某家庭养猪场肉猪产品需求量的概率如表 2-7 所示。如果该产品当天出售,则每千克可盈利 30 万元,如果当天不能出售,每千克将亏损 10 万元,需要对该家庭养猪场每天生产肉猪产品数量做出决策,它属于风险型决策。

表 2-7　猪肉产品市场需求量的概率

每天需求量(千克)		6000	4000	3000	5000
概率	盈利	0.1	0.3	0.4	0.2
	亏损	0.9	0.7	0.6	0.8

自然状态有 4 种:$S_1 = 6000$,$S_2 = 4000$,$S_3 = 3000$,$S_4 = 5000$。决策方案也有 4 种:$a_1 = 6000$,$a_2 = 4000$,$a_3 = 3000$,$a_4 = 5000$。根据已知的自然状态(盈利和亏损)的概率,就可以计算出每种方案在每种自然状态下期望值。期望值的大小,是风险型决策选择的标准。

$$期望值 = \sum (概率 \times 损益值)$$

$$E(a_1) = 6000 \times 0.1 \times 30 + 6000 \times (-0.9) \times 10$$
$$= -3600(万元)$$

$$E(a_2) = 4000 \times 0.3 \times 30 + 4000 \times (-0.7) \times 10 = 800(万元)$$

$$E(a_3)=3000\times0.4\times30+3000\times(-0.6)\times10=2400(万元)$$
$$E(a_4)=5000\times0.2\times30+5000\times(-0.8)\times10$$
$$=-1000(万元)$$

根据计算每天生产 3000 千克猪肉产品,期望利润最大,此方案可行。

(3)非确定型决策方法:非确定型决策是在没有掌握与决策有关的自然状态信息的情况下做出的。决策者承认潜在的自然状态种类,知道每种方案在不同自然状态下的期望值,但不知道自然状态出现的概率。一般来讲,决策者不希望在不确定状态下做出决策,因为它可信度最差。但是当面临一种新的情况,或考虑生产一种新的家庭养猪场产品,或对家庭养猪场产品进行探索性开发时,往往要在不确定状态下做出决策。非确定型决策,目前很难借助准确的定量分析,主要是靠主观判断。具体又可分为等概率法、悲观法和乐观法。

如某家庭养猪场在市场状况不确定的情况下,准备对利用老场、扩建老场和建立新场三种方案进行生产经营决策。已知各种方案在不同的市场前景下可能得到的利润如表 2-8 所示,要求按不同的方法进行决策。

表 2-8　利润方案　　　　　　　　　　单位:万元

供选方案	市 场 状 况			
	S_1 很好	S_2 较好	S_3 一般	S_4 很差
a_1 利用老场	10	5	4	-2
a_2 扩建老场	17	10	1	-10
a_3 建立新场	24	16	-3	-20

①等概率决策法:这种方法是假定所有的自然状态均等地出现。因此,4 种自然状态出现的概率各为 1/4。三种决策方案的期

望利润额分别为：

$$E(a_1)=\frac{1}{4}\times(10+5+4-2)=4.25(万元)$$

$$E(a_2)=\frac{1}{4}\times(17+10+1-1)=4.5(万元)$$

$$E(a_3)=\frac{1}{4}\times(24+15-3-20)=4.0(万元)$$

由上可知，方案 a_2 的期望利润额最大。

②悲观决策法：这种方法是以发生最差自然状态作为决策标准。因此，首先确定每种方案中利润最小的期望值，然后从最小的期望值中选择最大的作为选择方案。表 2-8 中，各方案的最小收益值分别为：-2 万元，-10 万元，-20 万元。其中最小的最大收益值-2 万元所代表的是第一种方案，故确定利用老场为最优方案。

③乐观决策法：这种方法是以发生最好的自然状态作为决策的标准。因此，首先应确定每种方案中利润最大的期望值，然后再从大的期望值中选择其最大的作为选择方案。表 2-8 中，各方案的最大收益值分别为：10 万元，17 万元，24 万元。其中最大的收益值 24 万元，故选择方案 a_3 作为实施方案。这种决策只考虑最后的机会，而没有考虑到其他各种可能，因而风险性很大。

(三)怎样做好家庭养猪场的生产管理工作

1.家庭养猪场的生产特点

(1)家庭养猪场的生产对象是有生命的猪，它是自然再生产和经济再生产交织在一起的一种特殊的生产活动。因此，不但要按自然规律组织生产活动，同时，还要求按照经济规律进行生产管理，以取得良好的经济效益和生态效益。

(2)家庭养猪场生产的转化性：家庭养猪场的自然功能是将植

物能转化为动物能。猪饲料在生产成本中占有很大的比重,生产管理的主要任务之一,是提高养猪的饲料转化率。

(3)家庭养猪场生产的周期长:家庭养猪场生产周期一般较长,在整个生产周期中要投入大量的劳动力和资本,只有在生产周期结束时才能获得收入,实现资本的回收。因此,在生产中要求选用优良品种,采用科学饲养管理,延长生产时间,提高猪的产品率。

(4)家庭养猪场生产的双重性:对于生产肥育猪的家庭养猪场来说,猪雏是劳动的手段和生产资料,而成猪则是劳动产品和消费资料。家庭养猪场生产既要满足社会对生活消费品需要,又要保证猪场自身再生产的需要,因而,具有双重性特点。

(5)家庭养猪场生产的可移动性:猪可以进行密集饲养、异地育肥。运用这个特点,可以克服环境等因素的不利影响,创造适合于家庭养猪场生产的良好的外部环境,以保证猪的生产过程的顺利进行。

2. 家庭养猪场生产任务

家庭养猪场生产任务是根据市场需要,结合资源环境和经济技术条件,确定合理的生产结构。采用科学的养殖方式,生产更多更好的猪产品及其深加工产品,以满足社会的多样化需求。

(1)确定生产结构:家庭养猪场应根据国家经济发展战略目标、市场需求状况和家庭养猪场自身的资源条件,坚持"以一业(一品)为主,多种经营"的经营方针,因地制宜地确定猪产品的生产结构。在广大农区,充分利用农业精饲料和秸秆粗饲料等多种资源,降低生产成本,发展家庭养猪业,为"三农"服务,为建设社会主义新农村做贡献。

(2)建立饲料基地:饲料是家庭养猪场发展的物质基础。发展家庭养猪场,提高猪产品产量和质量,其基本条件是建立相对稳定的饲料基地,保证猪正常的生长发育,解决"吃饱"的问题;同时,要发展饲料加工业,生产各种配合饲料和添加剂,提高饲料质量,满足猪的各个生长期的多种营养需求,解决"吃好"的问题。

(3)提供优质产品:猪品种的优劣,关系到植物饲料的转化率和产品的生产率。因此,家庭养猪场生产的重要任务之一,就是要不断引进和培育优良品种,实施标准化生产,提高猪产品的内在品质,为社会提供更多的优质产品。

3.家庭养猪场生产经营计划

猪场的生产经营计划是指为了实现猪场的经营目标,对猪场的生产经营活动及所需的各种资源从时间和空间上做出的具体统筹安排的工作,它是指导生产过程中供、产、销的行动纲领。任何规模的猪场都要按自己的财力、物力和人力及市场需求等客观情况,编制生产经营计划,进行有计划的经营管理,以提高猪场的经济效益。生产经营计划有很多种,根据家庭养猪场的经营规模和实际情况看,主要应做好以下计划。

(1)生产计划:生产计划主要是事先对猪场的生产品种、产品产量、产品产值做出规划,以便指导生产。

①品种计划:确定猪场主要生产那些产品,主产品有哪些,副产品有哪些,各自的产量与产值情况等。产品计划可采用表2-9模式。

表2-9　各品种生产计划

时间 产品项目	月　份													上年 合计
	1	2	3	4	5	6	7	8	9	10	11	12	合计	
合计														

②产品产量计划:产量计划包括猪场的总产量计划和单位产量计划。总产量计划是指猪场在某一年度或生产周期内争取实现的产品总量。它反映了猪场的经营规模和生产水平等状况。总产量包括种猪产仔总头数及销售重量、肉猪出栏总重量等。单位产量是指每头种猪产仔数、每头肉猪产肉量等。

③生产产值计划:产值计划根据利润计划和产量计划来制定,是指猪场在年度内养猪所要达到的产值目标。其计算方法为:

饲养肉猪总产值＝出栏猪总重量×单价＋死亡和淘汰猪重量×单价＋期末存栏猪重量×单价＋副产品产值

(2)经营财务计划:家庭养猪场的经营财务计划即根据猪场自身的资源情况、社会需求动态、竞争情况和生产能力制定自己的经营目标和经营利润,充分利用现有资源,达到利润最大化。在财务计划中,除考虑资金周转速度、资金利用率、资金产出率外,最重要的应是猪场的利润计划和成本计划。

①利润计划:猪场的经营计划是以利润计划为中心来进行的。猪场的利润计算方法如下:

利润＝营利－税金

营利＝总产值－生产费用

②产品成本计划:成本计划是猪场生产财务计划的重要组成部分,通过成本分析可以控制费用开支,节约各种费用消耗等。一般成本计划的编制主要以成本项目计划为主,对主要的成本项目提出指标,并同上年进行比较,以反映成本结构的变化情况(见表2-10、表2-11)。

表 2-10 肉猪生产成本计划

成本项目		第一季度		第二季度		第三季度		第四季度		全 年	
		上年	计划	上年	计划	上年	计划	上年	计划	上年	计划
人工消耗	人工费用										
生产资料消耗	饲料费										
	仔猪费										
	燃料和动力费										
	医药费										
	低值易耗品										
	摊销费										
	固定资产折旧										
	维修费										
	共同生产费										
	其他费用										
	主产品成本										
	副产品成本										
	主产品单位成本										

表 2-11 肉猪生产成本计划

主产品名称	养猪头数	计划单产	计划总产量	单位成本		总成本		计划任务	
				上年	计划	按上年实际的单位成本计算	按计划单位成本核算	上年完成	今年
出栏重									
合计									

一般来说,产品成本分为人工成本和物质成本,人工成本包括工资、福利费、奖金和其他形式的劳动报酬;物质成本包括除人工费用以外的全方面费用。计算产品成本时利用以下几个公式:

养猪产品成本=人工费用+各种物质费用+固定资产折旧费+其他费用

主产品成本=饲养总成本-副产品收入

主产品单位成本=主产品总成本÷产品产量

(3)产品销售计划:它是保证猪场产品全部售出的计划,是编制年度生产计划的主要依据,是实现产值计划和利润计划的重要保证。在产品销售计划中,主要规定了产品销售量、销售时间、销售渠道、销售收入及销售方针。产品销售计划见表2-12。

表 2-12 产品销售计划

产品名称	产品产量	年初结存量	年末结存量	销售量	产品单价	销售收入	销售费用	销售渠道	销售时间	销售利润	备注

在编制猪场产品销售计划时,需要计算产品的销售量和销售收入。

计划年度可供销售的产品量=计划年度产品的生产量+计划年初产品的结存量-计划年末产品的结存量

计划年度的销售收入=计划年度产品的销售量×单位产品销售价格

(4)猪群周转计划:对全年各月份存栏各类猪数及周转情况做

出较准确的计划,这是制订其他计划的基础。猪群按性别、年龄和用途,可分为哺乳仔猪、育成猪、后备猪、检定母猪、基础母猪、种公猪和生长肥育猪。后备母猪是从满 4 月龄的育成猪中选出,后备4～6 个月,用于补充检定母猪,检定母猪经过第一次分娩,检定合格后转入基础母猪,基础母猪一般可使用 4～5 年,即每年淘汰率为 20%～25%。母猪在 8～10 月龄开始配种,妊娠期 114 天,哺乳期 45～60 天,断奶后 10 天内可配种。一年产仔 2 窝,每窝育活仔猪 8～10 头,50 天断奶体重 11～15 千克。生长肥育猪饲养期5～6 个月,体重 100～120 千克出栏。后备公猪从满 4 月龄的育成猪中选出,后备期 6～8 个月,用于补充种公猪。种公猪在 10～12 月龄开始使用,一般可使用 3～4 年,即每年淘汰率为 30% 左右。在季节性集中配种条件下,1 头成年公猪一个配种季节,可负担15～20 头母猪,青年公猪负担 10～15 头母猪配种定额。因此,在编制猪群周转计划时,应掌握以下资料:

①猪场计划年初的猪群结构。

②计划年内购入或转入种公猪栏内的种公猪月份和头数。

③计划期内应淘汰的种公猪、基础母猪、检定母猪的月份和头数。

④计划期内检定母猪转入基础母猪的月份和头数。

⑤计划期内后备母猪转入检定猪的月份和头数。

⑥计划年繁殖仔猪的月份和头数。

⑦计划期内,4 月龄幼猪转入后备母猪和育肥猪的月份和头数。

⑧计划期内应出售仔猪、幼猪、后备母猪和育肥猪的月份和头数。

猪群周转计划见 2-13。

表 2-13　猪群周转计划　　　　　　　　　　单位:头

猪群	月份	上年末结存数	计划年度月份												计划年末结存数
			1	2	3	4	5	6	7	8	9	10	11	12	
哺乳仔猪	0~2 月龄														
育成猪	2~4 月龄														
后备猪 ♂/♀															
检定母猪	月初头数														
	转入														
	转出														
	淘汰														
基础母猪	月初头数														
	转入														
	淘汰														
基础公猪	月初头数														
	转入														
	淘汰														
生长肥育猪	2~4 月龄														
	4~6 月龄														
月末结存															
出售种猪															
出售仔猪															
出售肥育猪															

(5)种猪配种分娩计划:制订猪群种猪配种分娩计划应阐明计划年度内全场所有繁殖母猪每月(周)的配种、分娩,仔猪的断乳及

商品猪的出售头数。它是各项计划的基础,是猪群周转与生产指标考核的依据。制订该计划,必须掌握年初的猪群结构,上年度末母猪妊娠情况,母猪分娩方式(是长年分娩还是季节分娩),母猪计划淘汰数量与时间及母猪分娩胎数等有关资料。同时还应考虑猪场所处的地理环境条件、圈舍设备、饲养管理水平、饲料供应状况等。小规模的家庭养猪场,应尽可能避开最冷与最热季节产仔,以利于母猪安全分娩、仔猪存活和生长发育。

(6)饲料计划:根据各月份各类猪存栏数和贮料条件,制订出各月份饲料采购计划。各类猪的饲料定额,在基本不用其他辅料情况下,可参考表2-14。年度饲料计划格式见表2-15。

表 2-14　每头猪所需饲料量

猪别与条件	配合饲料(千克)	平均粗蛋白质(%)
公猪,常年配种	700~800	15
母猪,年产两窝	800~900	14
仔猪补料	20~30	18
后备猪、肥育猪(15~100千克)	300~350	14

表 2-15　年度饲料计划　　　　单位:千克

饲料种类	月　份												总计
	1	2	3	4	5	6	7	8	9	10	11	12	

(7)卫生防疫计划：猪的卫生防疫计划是根据卫生防疫要求和生产工艺流程而制定的，其主要内容包括：防疫对象、防疫时间、防疫药品和数量等。防治的对象是影响猪体健康的疾病，防疫时间分定期和不定期两种，一般定期防疫为每年春、秋两次全场性防疫；不定期防疫是指随猪只日龄增长和猪群的调动，在饲料中添加不同的抗生素和注射各种疫苗。消毒药液要及时更新，工作服应定时熏蒸。卫生防疫计划需要在各饲养阶段的饲养员配合下，由防疫员组织实施。

4.家庭养猪场生产管理

(1)人员的安排与使用：在生产中，养猪对技术的要求较高，因而必须充分发挥技术人员、管理人员和饲养人员的积极性，根据猪场的实际情况合理安排和使用劳动力，使各类人员之间合理分工和配合，做到人—猪—环境科学组合，人尽其力，猪尽其能，物尽其用。

(2)劳动组织：劳动组织与猪场的管理密切相关，尤其生产规模较大的猪场更是如此。一般大型综合性猪场应成立各种专业化作业组，如饲料供应、种猪饲养组、育成和后备猪饲养组、肉猪饲养组等，每组设置饲养人员和技术人员。

(3)劳动定额：劳动定额通常是指一个中等劳动力(或一个作业组)在正常生产条件下，一个工作日所完成的工作量。猪场的劳动定额一般要根据本场机械化水平及环境条件而定，把繁殖、成活、增重、出栏和各种消耗指标落实到各作业组或个人，充分发挥劳动者的自身积极性，责、权、利关系明确，真正做到多劳多得，多产多得。

(4)生产记录：在生产中，工作记录对总结养猪经验教训和经济核算等都是非常重要的，因而要坚持做好记录统计工作，特别是仔猪和育成猪，每天都要按要求做好生产记录，做到日清月结。一般记录统计表包括增重记录、防疫记录、投药记录、饲料消耗记录等(见表 2-16 至表 2-19)。

表 2-16　猪群体重增重情况记录　　年　月

称重周龄	称重日期	称重只数	总重量	平均体重	记事

表 2-17　防疫记录

预定接种		实际接种日期	负责接种人	接种病名	疫苗种类	接种方法	疫苗厂牌	疫苗		单价	用量	金额	备注
日期	日龄							批号	有效期限				

表 2-18　猪群投药记录

日期		日龄	药品名	成分	厂牌	使用方法	诊断病名	治疗效果	单价	用量	金额	意见
自	止											

表 2-19　猪群饲料消耗记录

日期	当日猪数	饲料消耗总量				每头平均消耗量				记事
		粉料（千克）	粒料（千克）	青饲（千克）	添加剂（克）	粉料（千克）	粒料（千克）	青饲料（千克）	添加剂（克）	

（四）怎样签订家庭养猪场的经济合同

在家庭养猪场的经营管理过程中,必然涉及多方面的民事法律关系。比如,饲料的购买,肉猪的销售,仔猪、种猪购买,猪舍的兴建,技术设备的引进等。要想使这些民事法律行为得到有利的保护,必然要用合同这种形式来进行规范。合同,又称契约,有广义和狭义之分,我国合同法第二条规定"合同是平等主体的自然人、法人,其他组织之间设立、变更、终止民事权利义务关系的协议"。按照该条规定,凡民事主体之间设立、变更、终止民事权利义务关系的协议都是合同。合同是一种协议,但合同不同于协议书。协议书可能只是一种意向书,并不涉及双方的具体权利义务。

1. 经济合同的内容

家庭养猪场签订合同的种类很多,但其内容并不复杂,由当事人进行约定,现根据我国合同法并以"仔猪订购合同"为例加以说明。

仔猪订购合同

供方(甲):某种猪厂　　　　　合同编号:×××

需方(乙):某养猪厂　　　　　签订地点:×××

　　　　　　　　　　　　　　签订时间:×××

　　鉴于乙方为满足生产肉猪的需要与甲方达成定期购买仔猪的合同,双方达成协议如下:

　　①甲方提供乙方××品种××仔猪××头。

　　②每头仔猪单价××元,合计金额××元。

　　③甲方分批供应,供货日期分别如下:×年×月;×年×月。

　　④甲方提供的仔猪必须有××畜牧业质量检验单位出具的质量证明,保证种源,检验费由甲方自负。

　　⑤甲方于合同规定的供货日期送货到乙方猪场所在地,费用风险由甲方自负。

　　⑥货款以现金支付,货到付款。

　　⑦乙方在合同生效之日起,10日内支付甲方××元的定金。

　　⑧甲方因故不能准时交货或数量不足,乙方的经济损失由甲方赔偿,每头仔猪××元。

　　⑨乙方因故不要或延迟进猪,必须提前2个月通知甲方,此期间内给甲方造成的损失由乙方赔偿,每头仔猪××元。

　　⑩甲方应给仔猪注射××疫苗,如在免疫期×月内发生本病,甲方负责赔偿经济损失××元。

　　⑪如仔猪饲养一段时间后,乙方发现有质量问题(如品种不纯),经有关质量检验部门鉴定后,认为属实,则甲方赔偿乙方经济损失××元。

　　⑫本合同在履行过程中如发生争议,由当事人双方协商解决。协商不成,由××仲裁委员会仲裁。

供方:单位名称　　　　　　　需方:单位名称

　　　单位地址　　　　　　　　　单位地址

　　　法定代表人　　　　　　　　法定代表人

　　　委托代理人　　　　　　　　委托代理人

　　　电话　　　　　　　　　　　电话

　　　电报挂号　　　　　　　　　电报挂号

　　　开户银行　　　　　　　　　开户银行

　　　账号　　　　　　　　　　　账号

　　　邮政编码　　　　　　　　　邮政编码

有效期限×年×月×日至×年×月×日

　　从上述仔猪定购合同的内容来看,并结合我国合同法第 12 条的具体规定,合同一般必须具备以下主要条款:

　　(1)当事人的名称或姓名和住所:合同是双方或多方当事人之间的协议,当事人是谁,住在何处或营业场所在何处应予明确。在合同事物当中,这一条款往往列入合同的首部。如上例中,供方是××,需方是××。

　　(2)标的:标的是合同法律关系的客体,是当事人权利义务共同指向的对象,它是合同不可缺少的条款,如上例中标的为仔猪。

　　(3)数量:数量是以数字和计量单位来衡量标的的尺度。数量是确定标的的主要条款。在合同实务中,没有数量条款的合同是不具有效力的合同。在大宗交易的合同中,除规定具体的数量条款以外,还应规定损耗的幅度和正负尾差。

　　(4)质量:质量是标的的内在素质和外观形态的综合,包括标的的名称、品种、规格、标准,技术要求等。在合同实物中,质量条款能够按国家质量标准进行约定的,则按国家质量标准进行约定。

　　(5)价款或酬金:又称价金,是取得标的物或接受劳务的一方当事人所支付的代价,如上例中的总金额××。

　　(6)履行的期限、地点和形式:合同的履行期限,是指享有权利

的一方要求对方履行义务的时间范围。它既是享有权利一方要求
对方履行合同的依据,也是检验负有履行义务的一方是否按期履
行或迟延履行的标准。履行地点是指合同当事人履行和接受履行
规定合同义务的地点;如提货和交货地点;履行方式是指当事人采
取什么办法来履行合同规定的义务。如交款方式、验收方法及产
品包装等。

(7)违约责任:违约责任是指违反合同义务应当承担的民事责
任。违约责任条款的设定,对于监督当事人自觉适当的履行合同,
保护非违约方的合法权益具有重要意义。但违约责任不以合同规
定为条件,即使合同未规定违约条款,只要一方违约,且造成损失,
就要承担违约责任。

(8)解决争议的方法:是指在纠纷发生后以何种方式解决当事
人之间的纠纷,如上例中第12款。当然,合同未约定这条款的,不
影响合同的效力。

另外,合同是双方法律行为,可以在合同中约定其他条款。值
得一提的是合同中有关担保问题,《中华人民共和国担保法》第93
条明确规定:担保可以以合同的形式出现,也可以是合同中的担保
条款。因此,双方当事人可以选择适用,如果单独订立担保合同,
有如下选择,保证合同、定金合同、抵押合同、质押合同,具体条款
可参照担保法的规定。

2. 经济合同的履行

经济合同的履行是指合同生效后,双方当事人按照约定全面
履行自己的义务,从而使双方当事人的合同目的得以实现的行为。
在合同履行过程当中要遵循诚实信用和协作履行的原则,对合同
约定不明确的内容按照合同法第61和第62条做如下处理:

合同生效后,当事人就质量、价款或者报酬、履行地点等内容
没有约定或者约定不明确的,可以协议补充;不能达成补充协议

的,按照合同有关的条款或者交易习惯确定。如果当事人仍不能确定有关合同的内容,使用下列规定:

(1)质量要求不明确的,按照国家标准、行业标准履行;没有国家标准、行业标准的,按照通常标准或者符合合同目的的特定标准履行。

(2)价款或者报酬不明确的,按照订立合同时履行地的市场价格履行,依法应当执行政府定价或者政府指导价的,按照规定履行。

(3)履行地点不明确的,给付货币的在接受货币一方所在地履行;交付不动产的,在不动产所在地履行;其他标的,在履行义务一方所在地履行。

(4)履行期限不明确的,债务人可以随时履行,债权人也可以随时请求履行,但应该给对方必要的准备时间。

(5)履行方式不明确的,按照有利于实现合同目的的方式履行。

(6)履行费用的负担不明确的,由履行义务一方负担。

3. 经济合同的变更和解除

我国合同法规定的合同的变更是指合同内容的变更。合同变更的条件有:①原已存在合同关系;②合同内容已发生变化;③合同变更须依当事人协议或依法律直接规定及裁决机构裁决;④须遵守法律要求的方式。

合同的解除是指合同有效成立以后,应当事人一方的意思表示或者双方协议,使基于合同发生的债权债务关系归于消灭的行为。合同解除分为约定解除和法定解除。

约定解除分为两种情况,一是在合同中约定了解除条件,一旦该条件成立,合同解除。二是当事人未在合同中约定解除条件,但在合同履行完毕前,经双方协商一致解除合同。

法定解除是指出现了法律规定的解除事由，有：

a. 因不可抗力致使不能实现合同目的，当事人可以解除合同。

b. 在履行期限届满之前，当事人一方明确表示或者以自己的行为表示不履行主要债务的，对方可以解除合同。

c. 当事人一方迟延履行主要债务，经催告后在合理期限内仍未履行的，对方可以解除合同。

d. 当事人一方迟延履行债务或者有其他违约行为致使履行会严重影响订立合同所期望的经济利益的，对方可不经催告解除合同。

e. 法律规定的其他情形。

在合同解除后，尚未履行的，不得履行；已经履行的，根据履行情况和合同的性质，当事人可以要求恢复原状或采取其他补救措施，并有权要求赔偿损失。

三、怎样做好家庭养猪场的经济核算

(一)为什么要对家庭养猪场进行经济核算

1.家庭养猪场经济核算的重要性

(1)只有实行经济核算,才能使家庭养猪场查明在生产中消耗了多少,盈余或亏损了多少,以及盈余与亏损的原因何在,从而为研究确定增产节约途径提供依据。

(2)只有实行经济核算,才能正确地计算经营成果,分清经济责任,对家庭养猪场工作人员实行有根据的奖惩,更好地贯彻按劳分配原则。

(3)只有实行经济核算,家庭养猪场才能更好地履行纳税义务、寻求信贷援助,提高资本运营的能力。

实践证明,如果不重视经济核算,就不可避免地要导致家庭养猪场各项经济工作的盲目性,造成各种不可估量的损失。

2.家庭养猪场经济核算的内容和方法

(1)经济核算的内容:家庭养猪场生产经营活动中的经济核算,包括资金核算、生产成本核算和经营成果核算等内容。

资金核算是指对固定资金和流动资金的核算。固定资金核算是通过对固定资金利用情况的核算和分析,提高固定资金的利用率。流动资金的核算,主要是通过对流动资金循环周转过程的核算,尽可能缩短资金在生产和流通领域的周转时间,提高周转速度。

生产成本核算是对产品生产过程中消耗的活劳动和生产资料的核算。通过成本核算,可以反映生产消耗情况,为改进经营管理,提高经济效益提供依据。成本核算是经济核算的中心环节。

经营成果核算就是对产品产量、产值和盈利的核算。产量是以实物形态反映生产经营成果的基本指标。产值是以价值形态反映生产经营成果的综合性指标。盈利核算是对纯收入的核算,盈利是综合反映生产经营最终成果的经济指标,盈利多意味着经营成果好;反之,则经营成果差。

(2)经济核算的方法:家庭养猪场经济核算常用的方法有 3种:会计核算法、统计核算法和业务核算法。

会计核算法是以货币形式为主要计量单位,对家庭养猪场的经济活动过程及其结果进行系统、全面地记载、计算和分析的一系列方法的总称。通常包括会计核算、会计分析和会计控制等内容。通过会计核算,可以全面反映各项财产和资金的增减情况,为正确地进行经济预测和决策提供可靠的数据。

统计核算法是运用科学的指标体系和系列统计方法,对大量的经济现象进行调查、分析的一种核算方法。其目的在于反映家庭养猪场的经济活动,从而找出事物发展的规律和趋势,为改善家庭养猪场经营管理提供科学依据。

业务核算法(也称业务技术核算法)是对家庭养猪场个别作业环节进行核算的方法,如核算饲料定额的执行情况、某种设备利用率等。其任务在于更加具体地查明生产中的问题,并为会计核算和统计核算提供原始记录及数据。

以上 3 种核算方法密切联系,互相补充,形成一个有机的整体。只有 3 种核算方法互相配合起来,才能更好地发挥经济核算的作用。在3种核算中,会计核算尤为重要,本书主要介绍家庭养猪场的会计核算方法。

(二)怎样进行家庭养猪场的会计核算

家庭养猪场是农业结构中的一个组成部分,发展家庭养猪场是建设社会主义新农村的有效途径之一。因此,家庭养猪场的会计核算可以看成是农业会计的基本理论、基本原则、基本方法在某一具体的农业生产领域的应用。

1. 家庭养猪场的资产核算

家庭养猪场的资产主要包括货币资金、应收及预付款、存货和固定资产等。

(1)资金核算

①现金的核算:家庭养猪场会计要严格加强现金管理,严格执行国家《现金管理暂行条例》,应健全现金管理责任制,配备专职出纳员负责办理现金存款的收付和保管,其他人员不得经管现金和存款。即要实行钱、账分管的原则,出纳"管钱不管账",会计"管账不管钱"。严格执行国家现金管理制度和使用范围,超过库存限额的现金及时存入银行或信用社。出纳员收付现金时,须在凭证上加盖"收讫"或"付讫"戳记和名章,以防重复收款,重复报销。不得以白条抵充库存现金,不得挪用,不准公款私存,防止发生贪污、营私舞弊现象。

a.现金的序时核算:为了详细地逐日逐笔反映库存现金收入的来源、付出的去向和结存的情况,家庭养猪场应设置和登记"现金日记账",对库存现金进行序时核算,即根据已审核的现金收付原始凭证或记账凭证,按经济业务发生的先后顺序逐日逐笔登记,并每日结出余额,与库存现金核对。如发现长、短款要及时找出原因,妥善处理。出纳员要定期和会计员结账,并填制"现金凭证交接清单",一式两联,经会计员审查无误后,双方盖章,一联交出纳员留存,另一联由会计员保存备查,以明确责任。现金凭证交接清单格式见表3-1。

表3-1　现金(存款)凭证交接清单

年　　月　　日至　　年　　月　　日　　第　　号

项目	上期结存	本期收入		本期付出		本期结存
		张数	金额	张数	金额	
库存现金						
银行存款						

交接日期:　　　　会计员:　　　　出纳员:

b.现金的总分类核算:为了反映和监督家庭养猪场的现金收支和结存情况,应设置"现金"账户,进行总分类核算。该账户的借方登记现金的增加,贷方登记现金的减少,期末余额在借方,反映家庭养猪场实际持有的库存现金。有关现金业务核算举例如下:

【例1】　某家庭养猪场从银行提取现金500元备用。该业务导致家庭养猪场的现金增加,在信用社的存款减少。会计分录为:

借:现金　　　　　500元
贷:银行存款　　　500元

【例2】　某家庭养猪场饲料员李平出差借款1000元,以现金付讫。该业务使家庭养猪场内部应收款增加,现金减少。会计分录为:

借:内部往来—李平　　　1 000元
贷:现金　　　　　　　　1 000元

②银行存款的核算:银行存款是家庭养猪场存放在银行或信用社的货币资金,它是货币资金的主要组成部分。为了加强存款的管理,国家规定:农副业均要在当地银行或信用社开立存款账户(结算户),以办理货币资金的存取和结算。与各单位之间发生的经济往来业务,除允许使用现金结算以外,均通过银行办理结算,并严格遵守结算原则与纪律。不得出租、出借账户,不得签发空头支票、远期支票,不准套取现金等。

a.存款的序时核算:家庭养猪场要设置"银行存款日记账",进行序时核算。存款的收付业务,由出纳员负责办理。对存款收付的原始凭证,要经严格审核后,方能据此办理存款的收付,按时间顺序登记入账,期末余额与银行或信用社对账单核对。为确保存款安全,印鉴与支票不宜一人保管。

b.存款的总分类核算:为了总体反映和监督存款的收支结存情况,家庭养猪场应设置"银行存款"账户,进行总分类核算。该账户的借方登记存款的增加,贷方登记存款的减少,期末余额在借方,反映家庭养猪场期末银行存款的余额。现金业务举例如下:

【例1】　某家庭养猪场存入银行 1 000 元现金。该业务导致家庭养猪场的现金减少,银行存款增加。会计分录为:

借:银行存款　　　　　1000 元

贷:现金　　　　　　　1000 元

【例2】　某家庭养猪场收到肥育猪分场上交的利润 1000 元。该业务导致养猪场的存款和收入增加。会计分录为:

借:银行存款　　　　　　1000 元

贷:发包及上交收入　　　1000 元

(2)应收款项的核算:家庭养猪场的应收款项划分为两类:一是家庭养猪场与外部单位和个人发生的应收及暂付款项;二是家庭养猪场与所属单位和个人发生的应收及暂付款项。

①外部应收款项的核算:外部应收款项是指家庭养猪场与外

部单位或外部个人发生的各种应收及暂付款项。通过"应收款"账户进行核算。该账户借方登记应收及暂付外单位或个人的各种款项,贷方登记已经收回的或已转销的应收及暂付款项,余额在借方,反映尚未收回的款项。"应收款"应按对方单位、个人名称设置明细账户,进行明细分类核算。业务核算举例如下:

【例1】　某家庭养猪场出售给超市 1050 千克猪肉产品,每千克售价 18 元,每千克单位成本 14 元,货款尚未收到。

该业务应该做两笔分录:一笔是应收款(18900 元)和收入(18900 元)的增加,另一笔是支出的增加(14700 元)和库存物资(14700 元)的减少。会计分录为:

借:应收款—某超市　　　　　　18900 元

贷:经营收入　　　　　　　　　18900 元

同时,结转成本:

借:经营支出　　　　　　　　　14700 元

贷:库存物资　　　　　　　　　14700 元

【例2】　某家庭养猪场收到某超市用转账支票偿还货款 18900 元。该业务导致家庭养猪场的存款增加,应收款项减少。会计分录为:

借:银行存款　　　　　　　　　18900 元

贷:应收款—某超市　　　　　　18900 元

②内部应收款项的核算:内部应收款项是指家庭养猪场与内部所属单位或个人发生的各种应收及暂付款项。内部应收款项通过"内部往来"账户进行核算。该账户是双重性质的账户,凡是家庭养猪场与所属单位或个人发生的往来业务,都通过本账户进行核算。它既核算家庭养猪场与所属单位或个人发生的应收及暂付款项,也核算各种内部应付及暂收款项。该账户借方登记与所属单位或个人发生的应收及暂付款和偿还的应付及暂收款;贷方登记与所属单位或个人发生的各种应付及暂收款项和收回的各种应

收及暂付款。该账户各明细账户的期末借方余额合计数反映所属单位或个人欠家庭养猪场的款项,各明细账户的期末贷方余额合计数反映家庭养猪场欠所属单位和个人的款项。

为详细反映内部往来业务情况,家庭养猪场应按所属单位或个人名称设置明细账户,进行明细核算。各明细账户年末借方余额合计数,在资产负债表的"应收款项"项目内反映,各明细账户年末贷方余额合计数,在资产负债表的"应付款项"项目内反映。

内部往来业务核算举例如下:

【例1】 某家庭养猪场因周转需要,向种猪分场场长李东借现金 2000 元。该业务导致猪场的现金和内部欠款同时增加。会计分录为:

借:现金　　　　　　　　　　2000 元

贷:内部往来—李东　　　　　2000 元

(3)存货的核算:家庭养猪场的存货是指在生产经营过程中持有的以备出售,或仍处于生产过程中,或者在生产、提供劳务过程中消耗的各种材料、物资等。家庭养猪场的存货包括饲料、猪肉产品等。

①存货的计价:购入的物资按买价、运费、装卸费、运输途中的合理损耗以及相关税金等入账。生产入库的产品,按生产的实际成本入账。领用或出售的存货,可在"先进先出法"、"加权平均法"、"个别计价法"中任选一种,但一经选定,不得随意变动。

②存货收发的核算:家庭养猪场的存货通过"库存物资"账户进行核算,该账户借方登记外购、自制、委托加工完成、盘盈等增加物资的实际成本,贷方登记发出、领用、销售、盘亏、毁损等原因减少物资的实际成本,余额在借方,反映期末库存物资的实际成本。有关业务举例如下:

【例1】 某家庭养猪场用存款购买玉米 8 吨,价值 8000 元,已入库。该业务导致家庭养猪场的存款减少,库存玉米增加。会计分录为：

借:库存物资—玉米　　　　　8000 元

贷:银行存款　　　　　　　　8000 元

【例2】 某家庭养猪场出售当月入库的猪肉产品 1000 千克，每千克 8 元,现金收讫。该业务导致家庭养猪场的现金和收入同时增加。会计分录为：

借:现金　　　　　　　　8000 元

贷:经营收入　　　　　　8000 元

同时,结转已售猪肉产品的成本,借记"经营支出"账户,贷记"库存物资"账户。假设单位成本 6 元/千克,1000 千克成本为 6000 元。会计分录当为：

借:经营支出　　　　　　　　6000 元

贷:库存物资—猪肉产品　　　6000 元

③存货清查的核算:家庭养猪场对存货要定期盘点核对,做到账实相符。年终必须进行一次全面的盘点清查。盘盈的存货,按同类或类似存货的市场价格记入其他收入;盘亏、毁损和报废的存货,按规定程序批准后,按实际成本扣除责任人或者保险公司赔偿的金额和残料价值之后,记入其他支出。

【例1】 某家庭养猪场年终财产清查中盘盈猪饲料甲 40 千克,每千克市价 1.2 元。经审核批准后记入"其他收入"。

借:库存物资—猪饲料甲　　　48 元

贷:其他收入　　　　　　　　48 元

【例2】 某家庭养猪场年终盘点发现猪饲料已霉烂变质 100 千克,入库时每千克 1.2 元。经核查,保管员李红在保管期间有责任,经协商由保管员承担 50 元的赔偿责任,其余由养猪场核销。

借:内部往来—李红　　　　　50 元

　　其他支出　　　　　　　　70 元

贷:库存物资—猪饲料　　　　120 元

(4) 猪资产的核算

①猪资产计价原则

a.购入的猪资产按照买价及相关的税费等计价。

b.仔猪及育成猪的饲养费用按实际成本计入资产成本。

c.猪资产死亡毁损时,按规定程序批准后,按实际成本扣除应由责任人或者保险公司赔偿的金额后的余额计入其他支出。

②猪资产的核算:猪资产是指家庭养猪场资产中的动物资产,也是最主要的资产。应设置"牲畜(猪)资产"账户进行核算。该账户借方登记购入、投资转入、接受捐赠等增加的猪资产成本,以及仔猪及育成猪的饲养费用;贷方登记因出售、对外投资、死亡毁损等原因而减少的猪资产成本;期末余额在借方,反映家庭养猪场仔猪及育成猪的资产价值。该账户应设置"仔猪及育成猪"、"成猪"两个二级账户核算。

a.猪资产增加的核算

【例1】 某家庭养猪场从光明养猪集团赊购仔猪2000头,总价值20000元。

借:牲畜(猪)资产—仔猪及育成猪　　　　20000元

贷:应付款—光明养猪集团　　　　20000元

【例2】 某家庭养猪场接受光明养猪场投入基础母猪200头,双方协议每头猪800元。

借:牲畜(猪)资产—成猪　　　　16000元

贷:资本—光明养猪集团公司　　　　16000元

b.猪资产饲养费用的核算:仔猪及育成猪的饲养费用应予以资本化,计入牲畜(猪)资产账户;成猪的饲养费用作为期间费用,计入经营支出。

【例3】 某家庭养猪场当年育成猪发生如下费用:应付养猪人员工资24000元,喂猪用饲料36000元。

借:牲畜(猪)资产—仔猪及育成猪　　　　60000元

　　贷:应付工资　　　　　　　　　　　　24000 元

　　　　库存物资—饲料　　　　　　　　　36000 元

　　【例4】　某家庭养猪场当年饲养成猪的费用 30000 元,用存款支付。

　　借:经营支出　　　　　　　　　　　　30000 元

　　贷:银行存款　　　　　　　　　　　　30000 元

　　c.猪资产转换的核算:仔猪成龄前,作为猪资产中的仔猪及育成猪核算,成龄后要转为猪资产中的成猪。通过"牲畜(猪)资产"账户进行明细核算。

　　【例5】　某家庭养猪场赊购的 500 头仔猪成龄转为成猪,预计支付买价 10000 元,饲养费用 15000 元。成猪的成本价 10000(买价)+15000(饲养费用)=25000(元)

　　借:牲畜(猪)资产 — 成猪　　　　　　25000 元

　　贷:牲畜(猪)资产—仔猪及育成猪　　　25000 元

　　d.成年种猪成本摊销的核算:家庭养猪场成猪的成本扣除预计残值后的部分,应在其正常生产周期内按直线法摊销,计入经营支出。预计净残值率按照成猪成本的 10%确定。

　　【例6】　某家庭养猪场当月摊销例 5 中转为成猪的成本(母猪生产周期按 5 年计算)。

　　成年母猪成本的月摊销额计算:

　　每年应摊销的金额=25000×(1-10%)÷5=4500(元)

　　每月应摊销的金额=4500÷12=375(元)

　　编制当月摊销的会计分录如下:

　　借:经营支出　　　　　　　　　　　　375 元

　　贷:牲畜(猪)资产—成年母猪　　　　　375 元

　　(5)固定资产的核算

　　①固定资产的概念:家庭养猪场的房屋、建筑物、机器、设备、工具和器具等劳动资料,凡使用年限在一年以上,单位价值在 500

元以上的列为固定资产。有些主要生产工具和设备,单位价值虽低于规定标准,但使用年限在一年以上的也可列为固定资产。

②固定资产的计价原则:家庭养猪场应当根据具体情况,分别确定固定资产的入账价值。

a.购入的固定资产,不需要安装的,按实际支付的买价加采购费、包装费、运杂费、保险费和交纳的有关税金等计价;需要安装或改装的,还应加上安装费或改装费。

b.新建的房屋及建筑物、基本建设设施等固定资产,按竣工验收的决算价计价。

c.接受捐赠的固定资产,应按发票所列金额加上实际发生的运输费、保险费、安装调试费和应支付的相关税金等计价;无凭据证明其价值的,按同类设备的市价加相关税费计价。

d.在原有固定资产基础上进行改、扩建的,按改、扩建的净支出增加原有固定资产的价值计价。

e.投资者投入的固定资产,按照投资各方确认的价值计价。

f.盘盈的固定资产,按重置价值计价。

③固定资产增加的核算:为正确进行固定资产的核算,应设置"固定资产"、"累计折旧"和"在建工程"账户。"固定资产"和"累计折旧"账户分别核算固定资产的原值和已提折旧。"在建工程"账户核算家庭养猪场进行工程建设、设备安装、基本建设设施大修理等发生的实际支出。

a.购入的固定资产。

【例1】　某家庭养猪场购入需要安装的饲料混合机一台,以银行存款支付购置费 50000 元,以现金支付安装费 2000 元。

借:在建工程　　　　　　52000 元

贷:银行存款　　　　　　50000 元

　　现金　　　　　　　　 2000 元

安装完工、验收合格交付使用后,按实际成本转账。

借:固定资产　　　　　52000 元

贷:在建工程　　　　　52000 元

b. 自行建造的固定资产。

【例 2】　某家庭养猪场自建猪舍 2 栋,购入工程材料物资一批,价税款共计 280000 元,以银行存款支付。

借:库存物资　　　　　280000 元

贷:银行存款　　　　　280000 元

工程领用材料物资 280000 元。

借:在建工程—自营工程　　　　　280000 元

贷:库存物资　　　　　　　　　　280000 元

支付工程劳务费 6000 元,其中 2000 元以现金支付,其余用银行存款支付。

借:在建工程—自营工程　　　　　6000 元

贷:现金　　　　　　　　　　　　2000 元

　　银行存款　　　　　　　　　　4000 元

房屋工程完工,验收合格后交付使用,按实际成本 286000 元转入固定资产。

借:固定资产　　　　　　　　　　286000 元

贷:在建工程—自营工程　　　　　286000 元

c. 发包工程形成的固定资产。

【例 3】　某家庭养猪场建造冷库一座,发包给建筑公司,工程价款 120000 元。根据合同规定,开工时,以存款预付工程价款 60%,其余 40%待工程竣工验收合格后一次付清。以银行存款预付工程价款 72000 元。

借:在建工程—承包工程　　　　　72000 元

贷:银行存款　　　　　　　　　　72000 元

工程完工验收合格后,以银行存款补付工程价款 48000 元。

借:在建工程—承包工程　　　　　48000 元

　　贷:银行存款　　　　　　　　　48000元

　　工程完工验收合格并交付使用后,结转工程全部支出12000元。

　　借:固定资产　　　　　　　　　120000元

　　贷:在建工程—承包工程　　　　120000元

　　d.改建、扩建的固定资产。

　　【例4】　某家庭养猪场决定对原有肥育猪舍进行扩建,该猪舍的原值为70000元,已提折旧20000元,以银行存款支付拆除费用5000元,收回材料变价收入1000元存入银行。该猪舍的扩建承包给某建筑公司,合同规定一次支付其扩建材料、人工及管理费等承包价款共计50000元。

　　支付拆除费用5000元。

　　借:在建工程—承包工程　　　　5000元

　　贷:银行存款　　　　　　　　　5000元

　　收到拆除材料的变价收入1000元。

　　借:银行存款　　　　　　　　　1000元

　　贷:在建工程—承包工程　　　　1000元

　　以银行存款支付承包单位承包费用50000元。

　　借:在建工程—承包工程　　　　50000元

　　贷:银行存款　　　　　　　　　50000元

　　扩建工程完工验收合格,车间厂房交付使用,按54000元转账。

　　借:固定资产　　　　　　　　　54000元

　　贷:在建工程—承包工程　　　　54000元

　　e.投资者投入的固定资产。

　　【例5】　某家庭养猪场收到某公司投入已使用过的饲料混合机一台,双方约定其净值为38000元,估计已提折旧2000元。

　　借:固定资产　　　　　40000元

  贷:资本　　　　　　　38000元

   累计折旧　　　　　　2000元

 f.接受捐赠的固定资产。

 【例6】 某家庭养猪场接受捐赠已使用过的饲料混合机一台,估价46000元。

  借:固定资产　　　　　46000元

  贷:公积公益金　　　　46000元

 g.盘盈的固定资产。

 【例7】 某家庭养猪场年末在财产清查中,盘盈电机一台,同类电机市场价格1400元。

  借:固定资产　　　　　1400元

  贷:其他收入　　　　　1400元

 ④ 固定资产折旧与修理的核算

 A.固定资产折旧的计提范围:家庭养猪场的下列固定资产应当计提折旧:a.房屋和建筑物;b.在用的机械、机器设备、运输车辆、工具器具;c.季节性停用、大修理停用的固定资产;d.融资租入和以经营租赁方式租出的固定资产。

 下列固定资产不计提折旧:a.房屋建筑物以外的未使用、不需用的固定资产;b.以经营租赁方式租入的固定资产;c.已提足折旧继续使用的固定资产;d.国家规定不提折旧的其他固定资产。

 家庭养猪场当月增加的固定资产,当月不提折旧,从下月起计提折旧;当月减少的固定资产,当月照提折旧,从下月起不提折旧。

 固定资产提足折旧后,不管能否继续使用,均不再提取折旧;提前报废的固定资产,也不再补提折旧。

 B.固定资产折旧的计算方法:家庭养猪场固定资产的折旧方法可在"平均年限法"、"工作量法"等方法中任选一种,但是一经选定,不得随意变动。提取折旧时,可以采用个别折旧率,也可以采用分类折旧率或综合折旧率计提。

a.平均年限法:平均年限法是在固定资产规定的使用年限内,平均计提折旧的一种方法。采用这种方法,每年计提的折旧额是相等的,并且累计的折旧数呈直线上升,所以也称直线法。其计算公式如下:

$$固定资产年折旧额 = \frac{固定资产原值 - 预计净残值}{预计使用年限}$$

$$固定资产月折旧额 = \frac{固定资产年折旧额}{12}$$

$$固定资产年折旧率 = \frac{固定资产年折旧额}{固定资产原值} \times 100\%$$

$$固定资产年折旧率 = \frac{固定资产年折旧率}{12}$$

【例8】　某家庭养猪场一座仓库原值为 20000 元,预计残值 3000 元,清理费用 1000 元,预计可使用 30 年。则

年折旧额 = [20000 - (3000 - 1000)] ÷ 30 = 600(元)

年折旧率 = 600 ÷ 20000 × 100% = 3%

b.工作量法:工作量法是按固定资产在使用年限内能够提供的工作量计算折旧额的一种方法。采用工作量法计算固定资产的折旧额时,要先根据其原值、预计净残值及预计完成的总工作量(如总行驶里程、总工作小时、总产品数量等)三个因素,计算出单位工作量折旧额,然后再用其乘以某期实际完成的工作量,求得该期的固定资产折旧额。具体计算公式如下:

$$单位工作量的折旧额 = \frac{固定资产原值 - 预计净残值}{预计使用年限}$$

年(月)折旧额 = 某年(月)实际完成工作量 × 单位工作量折旧额

【例9】　某家庭养猪场有一台设备,原价 78000 元,预计可以使用 75000 小时,预计残值收入 5000 元,清理费用为 2000 元,本年实际使用该设备 9000 小时。则该项固定资产的月折旧额

为：

$$每小时折旧额 = \frac{78000 - (5000 - 2000)}{75000} = 1(元)$$

$$月折旧额 = (9000 \div 12) \times 1 = 750(元)$$

C. 固定资产折旧的账务处理：家庭养猪场生产经营用的固定资产计提的折旧，应计入生产（劳务）成本；管理用的固定资产计提的折旧，应计入管理费用；用于公益性用途的固定资产计提的折旧，应计入其他支出。

【例 10】　某家庭养猪场本年应计提固定资产折旧 29600 元，其中生产经营用固定资产折旧 21600 元，管理用固定资产折旧 3000 元，公益性固定资产折旧 5000 元。

借：生产（劳务）成本　　　　21600 元

　　管理费用　　　　　　　　3000 元

　　其他支出　　　　　　　　5000 元

　贷：累计折旧　　　　　　　29600 元

D. 固定资产修理的核算：家庭养猪场固定资产的修理费用，直接计入有关支出项目。

【例 11】　某家庭养猪场以现金支付仔猪运输车修理费 300 元，会议室扩音器修理费 200 元，文化活动场所修理费 400 元。

借：经营支出　　　　　　　　300 元

　　管理费用　　　　　　　　200 元

　　其他支出　　　　　　　　400 元

　贷：现金　　　　　　　　　900 元

⑤固定资产减少的核算

A. 固定资产清理的核算：家庭养猪场应设置"固定资产清理"账户，核算因出售、报废和毁损等原因转入清理的固定资产净值及其在清理过程中所发生的清理费用和清理收入。清理完毕后，如为净收益，转入其他收入；如为净损失，转入其他支出。

【例12】 某家庭养猪场将一台不用的机器对外出售,其账面原值为10000元,累计已提折旧4000元,协议价7000元,收到价款转存银行,另以现金支付设备拆除及运杂费用300元。注销转入清理的机器原价及累计折旧。

借:固定资产清理　　　　6000元
　　累计折旧　　　　　　4000元
贷:固定资产　　　　　　10000元
借:银行存款　　　　　　7000元
贷:固定资产清理　　　　7000元
借:固定资产清理　　　　300元
贷:现金　　　　　　　　300元

结转该机器清理净收益700元。

借:固定资产清理　　　　700元
贷:其他收入　　　　　　700元

B.固定资产盘亏的核算:家庭养猪场盘亏的固定资产,应查明原因,按规定程序批准后,按其原价扣除累计折旧、变价收入、过失收入及保险公司赔款之后,计入其他支出。

【例13】 某家庭养猪场在财产清查中,盘亏电机一台,原价2000元,已提折旧800元。经查明属保管人员看护失误,决定由其赔偿现金300元。

借:现金　　　　　　300元
　　其他支出　　　　900元
　　累计折旧　　　　800元
贷:固定资产　　　　2000元

2.家庭养猪场负债的核算

负债是指家庭养猪场因过去的交易、事项形成的现时义务,履行该义务预期会导致经济利益流出家庭养猪场。负债按偿还期限可分为流动负债和长期负债。流动负债是指偿还期在一年以内（含一年）的债务，包括短期借款、应付款项、应付工资、应付福利费等。长期负债是指偿还期超过一年以上（不含一年）的债务，包括长期借款及应付款等。

家庭养猪场的负债按实际发生额计价，利息支出计入其他支出。对发生因债权人特殊原因确实无法支付的应付款项，计入其他收入。

(1)流动负债的核算

①短期借款的核算：短期借款是指从银行、信用社和有关单位、个人借入的期限在一年以下（含一年）的各种借款。通过"短期借款"账户进行核算。该账户属于负债类账户，贷方登记取得的短期借款，借方登记归还的短期借款。该账户按借款单位或借款人名称设置明细账户。

【例1】 某家庭养猪场向银行借入半年期借款5000元，款存银行。

借：银行存款　　　　5000元
　　贷：短期借款　　　　5000元

【例2】 某家庭养猪场从银行借的5000元，于6个月后用银行存款支付本息5300元。

借：短期借款　　　　5000元
　　其他支出　　　　300元
　　贷：银行存款　　　　5300

②应付款的核算：应付款是指家庭养猪场与外单位和外部个人发生的偿还期在一年以下（含一年）的各种应付及暂收款项。应付及暂收款的核算，应设置"应付款"账户，该账户属于负债类账户。按对方单位和个人名称设置明细账户，进行明细核算。发生应付及暂收款时，借记"银行存款"、"库存物资"等账户，贷记该账户；实际支付款项时，借记该账户。贷记"现金"、"银行存款"等账

户;期末贷方余额反映家庭养猪场应付而未付及暂收的款项总额。

【例3】 某家庭养猪场从强大饲料公司购入一批饲料已入库,货款2000元暂欠。

借:库存物资——饲料 2000元

贷:应付款——强大饲料公司 2000元

【例4】 某家庭养猪场有一笔应付款200元,因原债权单位撤销确实无法支付,经批准核销。

借:应付款 200元

贷:其他收入 200元

③应付工资的核算:应付工资是指家庭养猪场应付给管理人员及固定员工的工资报酬。这些工资、奖金、津贴、福利补助等,不论是否在当月支付,都应通过"应付工资"账户进行核算,该账户为负债类账户。结转工资时,根据人员岗位,分别借记"管理费用"、"生产(劳务)成本"、"牲畜(猪)资产"、"在建工程"等账户,贷记该账户;实际发放工资时,借记该账户,贷记"现金"等账户;期末贷方余额反映尚未支付的工资。该账户按管理人员和固定员工的类别及工资的组成内容设置明细账,进行明细核算。家庭养猪场应付给临时员工的报酬,不通过"应付工资"账户核算,在"应付款"或"内部往来"账户中核算。

【例5】 某家庭养猪场经研究决定,提取固定员工2005年5月份的工资报酬20000元。

借:生产(劳务)成本 20000元

贷:应付工资 20000元

【例6】 某家庭养猪场按规定提取并以现金发放2005年10月份管理人员工资5000元。

借:管理费用 5000元

贷:应付工资 5000元

借:应付工资 5000元

贷：现金　　　　　　　　5000元

④应付福利费的核算：应付福利费是指家庭养猪场从收益中提取，用于集体福利、文教、卫生等方面的福利费用（不包括兴建集体福利等公益设施支出），包括职工因公伤亡的医药费、生活补助及抚恤金等。家庭养猪场应设置"应付福利费"账户进行核算，该账户属于负债类账户。从收益中提取福利费时，借记"收益分配"账户，贷记该账户；发生福利费支出时，借记该账户，贷记"现金"、"银行存款"等账户；期末贷方余额反映家庭养猪场已提取但尚未使用的福利费金额；如为借方余额，反映本年福利费超支金额，经批准后，应按规定转入"公积公益金"账户的借方，未经批准的超支数额，仍保留在该账户的借方。该账户应按支出项目进行明细核算。

【例7】　某家庭养猪场年终经批准从收益中提取福利费10000元。

借：收益分配—各项分配　　　　10000元
贷：应付福利费　　　　　　　　10000元

【例8】　某家庭养猪场以现金支付某职工因公负伤治疗费500元。

借：应付福利费　　　　　500元
贷：现金　　　　　　　　500元

（2）长期负债的核算：主要是指长期借款及应付款的核算。长期借款及应付款是指家庭养猪场从银行、信用社和有关单位、个人借入的期限在一年以上（不含一年）的借款及偿还期在一年以上（不含一年）的应付款项。家庭养猪场应设置"长期借款及应付款"账户，该账户属于负债类账户。发生长期借款及应付款时，借记"现金"、"银行存款"、"库存物资"、"固定资产"等账户，贷记该账户；归还和偿付长期借款及应付款时，借记该账户，贷记"现金"、"银行存款"等账户；期末贷方余额反映家庭养猪场尚未归还和偿付的长期借款及应付款总额。利息支出借记"其他支出"账户，贷记"现金"、"银行存款"等账户。发生确实无法偿还的长期借款及应付款时，借记该账户，贷记"其他收入"账户。长期借款及应付款要按借款及应付款单位和个人设置明细账户，进行明细核算。

【例1】 2005年11月,某家庭养猪场与外商签订合同,采用补偿贸易方式引进需要安装的肉食品深加工设备一套,设备款100000元,约定投产后以产品分5年偿还。

借:在建工程—肉食品加工设备　　　　　100000元

贷:长期借款及应付款—某外商　　　　　100000元

【例2】 某家庭养猪场以信用社存款偿还一年前从乡财政所借入的低息农业开发资金15000元,支付利息600元。

借:长期借款及应付款—乡财政　　　　　15000元

　　其他支出—利息支出　　　　　　　　600元

贷:银行存款—利息支出　　　　　　　15600元

3. 家庭养猪场所有者权益的核算

(1)所有者权益的内容:所有者权益是家庭养猪场的所有者对家庭养猪场净资产的所有权,在数量上等于家庭养猪场全部资产减去全部负债后的余额,通常包括资本、公积公益金和未分配收益三部分内容。

①资本:资本是投资者实际投入家庭养猪场的各种资产的价值。家庭养猪场对筹集的资本依法享有经营权,投资者除依法转让外,一般不得随意抽走。按照投资主体不同,家庭养猪场的资本分为外单位资本、个人资本等。

②公积公益金:公积公益金是家庭养猪场从收益中提取的和其他来源取得的用于扩大生产经营、承担经营风险及集体公益事业的专用基金。

公积公益金的来源主要有以下几个渠道:从本年收益中提取;资本溢价;资产重估增值;土地补偿费;转让土地使用权收入等。公积公益金可用于转增资本和弥补亏损,也可用于集体福利等公益设施建设。

③未分配收益:未分配收益是家庭养猪场可分配收益按收益分配方案分配后的余额,是留于以后年度分配的收益。如有未弥补亏损,则作为所有者权益的减项反映。

(2) 所有者权益的核算

① 资本的核算

A. 投入资本的计价原则

现金投资:投资者投入的人民币,按实际收到的金额入账。投入的外币,应按规定的汇价折合成人民币记账;如果协议、章程中未作规定,应按收款日的市场汇价折合成人民币记账。

实物投资:投资者投入房屋、运输工具、建筑材料等实物资产,按双方确认的价值计价。投资者以实物投资,必须出具资产所有权和处置权的证明。投资者不得以租赁的资产或已作为担保物的资产进行投资。

劳务投资:投资者投入劳务按当地劳务价格标准作价入账。

无形资产投资:指投资者以专利权、非专利技术、商标权、特许经营权、场地使用权进行的投资。投资者投入的无形资产,应按评估确认的价值入账。

B. 资本的核算:为反映投资人实际投入的资本以及资本的增减变化情况,应设置"资本"账户,该账户属于所有者权益类,贷方登记实际收到的资本及以公积公益金转增的资本数额,借方登记按规定程序批准减少的资本,期末贷方余额反映家庭养猪场实际拥有的资本总额。该账户应按投者设置明细账户,进行明细核算。

货币资金投入的核算:家庭养猪场收到投资者以货币资金投资时,按实际收到的金额借记"现金"、"银行存款"等账户,贷记"资本"账户。

【例1】　某家庭养猪场收到某农户投资 5000 元,存入开户行。

　　借:银行存款　　　　　　5000 元
　　贷:资本—个人资本　　　5000 元

固定资产投入的核算:家庭养猪场收到投资者投入固定资产时,按照投资双方确认的价值,借记"固定资产"账户,贷记"资本"账户。确认价值与该固定资产账面价值的差额作为已提折旧处理。

【例2】　某单位向某家庭养猪场投入农用三轮车,双方确认价值 30000 元。

　　借:固定资产　　　　　　　30000 元
　　贷:资本—外单位资本　　　30000 元

无形资产投入的核算:收到投资者投入无形资产时,按评估确认价借记"无形资产"账户,贷记"资本"账户。

【例3】　某家庭养猪场收外单位投入专利权一项,评估价 50000 元。

　　借:无形资产　　　　　　　50000 元
　　贷:资本—外单位资本　　　50000 元

材料物资等投入的核算:收到投资者投入的材料物资时按投资双方确认的价值,借记"库存物资"账户,贷记"资本"账户。

【例4】　某家庭养猪场收到某单位投入饲料一批,评估确认价 13000 元。

　　借:库存物资　　　　　　　13000 元
　　贷:资本—外单位资本　　　13000 元

以劳务形式投资的核算:以劳务形式向家庭养猪场进行投资时,按当地劳务价格标准,借记"在建工程"等账户,贷记"资本"账户。

【例5】　某农户以劳务形式向家庭养猪场投资。家庭养猪场建肥育猪猪舍时,该农户投工 100 个,每个工日作价 10 元。

借:在建工程—肥育猪猪舍　　　　　1000 元

贷:资本—个人资本　　　　　　　　1000 元

公积公益金转增资本的核算:家庭养猪场经批准以公积公益金转增资本时,借记"公积公益金"账户,贷记"资本"账户。

【例6】　某家庭养猪场将公积公益金 20000 元转增资本。

借:公积公益金　　　　　20000 元

贷:资本　　　　　　　　20000 元

投资者收回投资的核算:投资者按规定程序收回投资时,借记"资本"账户,贷记"银行存款"、"固定资产"等有关账户。

【例7】　某外单位按协议收回投资 10000 元,家庭养猪场以银行存款支付。

借:资本—外单位资本　　　　　10000 元

贷:银行存款　　　　　　　　　10000 元

②公积公益金的核算:为了反映家庭养猪场公积公益金的来源和使用情况,应设置"公积公益金"账户。该账户属于所有者权益类账户,贷方登记从收益中提取和资本溢价、接受捐赠等增加的公积公益金,借方登记按规定转增资本、弥补亏损、兴建公益设施等减少的数额,贷方余额反映公积公益金数额。

A. 从收益中提取公积公益金时,借记"收益分配—各项分配"账户,贷记"公积公益金"账户。

【例8】　年终,某家庭养猪场从当年收益中提取公积公益金 12000 元。

借:收益分配—提取公积公益金　　　　　12000 元

贷:公积公益金　　　　　　　　　　　12000 元

B. 资本溢价的核算:资本溢价通常有两种情况:一是在合资经营的情况下,新加入的投资者投入的资本,不一定全部按实收资本入账,入账资本一般低于实收资本。这是由于投资时间不同,对家庭养猪场所作的贡献不同,投资者所享有的权利也不同。所以,新加入的投资者通常要付出大于原有投资者的出资额,才能取得与原投资者相同的投资比例。新投资者投入的资本中按其投资比例计算的出资额,记入"资本"账户。实际投资额与其入账资本的差额,作为资本溢价,记入"公积公益金"账户。二是家庭养猪场接受投资者以外币投资时,需要折合成人民币(记账本位币)记账,因记账汇率不同,资产的折算数额大于资本折算数额,其差额为资本溢价。资本溢价不能作为资本入账,只能计入公积公益金,作为所有投资者的公共积累,留在家庭养猪场内。

【例 9】　根据家庭养猪场和某外单位签订的投资协议,该单位向家庭养猪场投资 25000 元,款存银行。协议约定入股份额占家庭养猪场股份的 25%,家庭养猪场原有资本 60000 元。

该单位投入到家庭养猪场的资金 25000 元中,能够作为资本入账的数额是 $60000 \times 25\% / (1 - 25\%) = 20000$ 元,其余的 5000元,只能作为资本溢价,记入"公积公益金"账户。

借:银行存款　　　　　　　25000 元
贷:资本—外单位资本　　　20000 元
　　公积公益金　　　　　　5000 元

【例 10】　某家庭养猪场收到外商投入港币 420000 元,合同约定的汇价为 1.05,当日市场汇价为 1.1。按当日市场汇价,家庭养猪场应收到 $420000 \times 1.1 = 462000$ 元人民币,而按合同只能有 $420000 \times 1.05 = 441000$ 元人民币,作为资本溢价,记入"公积公益金"账户。

借:银行存款　　　　　　　462000 元
贷:资本—外商资本　　　　441000 元
　　公积公益金　　　　　　21000 元

C.资产重估增值的核算:资产重估增值,是指家庭养猪场对外投资或清产核资时,财产的重估价值高于原账面价值。其重估价值与原账面价值的差额,应记入"公积公益金"账户。

【例11】　家庭养猪场以一猪舍对外联营投资,该猪舍原账面价值200000元,已提折旧30000元,双方协议作价190000元。

借:长期投资——其他投资　　　190000元
　　累计折旧　　　　　　　　　30000元
贷:固定资产　　　　　　　　　200000元
　　公积公益金　　　　　　　　20000元

D.接受捐赠的核算:地方政府、社会团体、个人捐赠的资产,是对家庭养猪场的一种援助行为,是一种无偿投资,所以捐赠人不是所有者,这种投资不形成资本。家庭养猪场接受货币捐赠,按实际到位的捐赠数,借记"现金"、"银行存款"账户,贷记"公积公益金"账户;接受固定资产捐赠,应按发票所列金额加上实际发生的运输费、保险费、安装调试费和应支付的相关税金等计价,无所附凭据的,按同类设备的市价加上应支付的相关税费计价。

【例12】　某家庭养猪场收到乡政府捐赠饲料混合机一台,发票价48000元。

借:固定资产　　　　　48000元
贷:公积公益金　　　　48000元

E.用公积公益金转增资本的核算:参见资本的核算。

F.用公积公益金弥补亏损的核算:家庭养猪场以公积公益金弥补亏损时,借记"公积公益金"账户,贷记"收益分配——未分配收益"账户。

【例13】　某家庭养猪场用公积公益金弥补上年度亏损4500元。

借:公积公益金　　　　　　　4500元
贷:收益分配——未分配收益　4500元

G.用公积公益金弥补应付福利费不足的核算:参见流动负债

"应付福利费"的核算。

H.用公积公益金购建集体福利公益设施的核算:用公积公益金购建集体福利公益设施时,借记"固定资产"、"在建工程"等账户,贷记"现金"、"银行存款"等账户。需要注意的是,用公积公益金购建集体福利公益设施时,在账务上并不冲减公积公益金。

【例14】　某家庭养猪场用公积公益金为职工购买文化娱乐设备一套,价值20000元。

借:固定资产　　　　　　20000元

贷:银行存款　　　　　　20000元

③未分配收益:是指家庭养猪场历年积存的未作分配的收益,属于所有者权益的组成部分。未分配收益有两层含义:一是留待以后年度处理的收益;二是未指定特定用途的收益。从数量上讲,未分配收益是年初未分配收益加上本年实现的收益总额,减去当年各项分配后的余额。家庭养猪场应在"收益分配"账户下设置"未分配收益"二级账户。年终,家庭养猪场应将全年实际净收益(或亏损)自"本年收益"账户转入"收益分配—未分配收益"账户,同时将"收益分配—各项分配"二级账户的余额转入"收益分配—未分配收益"二级账户,若为贷方余额,表示历年积累的未分配收益;若为借方余额,表示历年未弥补亏损。

4.收入、成本的核算

(1)收入的核算:家庭养猪场的收入是指销售商品、提供劳务等日常经营活动及行使管理、服务职能所形成的经济利益的总流入。

①收入范围及其确认

a.收入的范围:家庭养猪场的收入主要来自三个方面:一是自身生产经营活动取得的收入;二是农户及所属单位上交的承包金及利润;三是国家有关部门的政策补助。具体来说,可以分为经营收入、发包及上交收入、财政等有关部门政策补助收入及其他收入四个部分。

b.收入的确认:家庭养猪场按以下原则确认收入的实现。

第一,家庭养猪场一般于产品物资已经发出、劳务已经提供,同时收讫价款或取得收取价款的凭据时,确认经营收入的实现。

第二,家庭养猪场在已收讫农户、承包单位上交的承包金或取得收取款项的凭据时,确认发包及上交收入的实现。年终,按照权责发生制的原则,确认应收未收款项的实现。

第三,家庭养猪场在实际收到上级有关部门的补助或取得有关收取款项的凭据时,确认补助收入的实现。

第四,家庭养猪场在发生固定资产、产品物资盘盈,实际收讫利息、罚款等款项时,确认其他收入的实现。

② 收入业务的核算

a.经营收入的核算:经营收入是指家庭养猪场当年发生的各项经营收入。家庭养猪场应设置"经营收入"账户,取得收入时,借记"银行存款"、"现金"等账户,贷记该账户;年终结转时,借记该账户,贷记"本年收益"账户,结转后该账户应无余额。该账户按经营项目进行明细核算。

【例1】 某家庭养猪场出售上月入库猪肉产品一批,计价4500元,款存银行。该批产品入库成本为3500元。

借:银行存款　　　　　　　　　　　　4500元

贷:经营收入—猪肉产品销售收入　　　4500元

借:经营支出—猪肉产品销售支出　　　3500元

贷:库存物资—猪肉产品　　　　　　　3500元

【例2】 某家庭养猪场对外技术指导,收取劳务费5000元,存银行。

借:银行存款　　　　　　　　　　　　5000元

贷:经营收入—劳务收入　　　　　　　5000元

　　b.发包及上交收入的核算:发包及上交收入是指农户和其他单位承包家庭养猪场猪舍等上交的利润。家庭养猪场应设置"发包及上交收入"账户。收到上交的承包金或利润时,借记"现金"、"银行存款"等账户,贷记该账户。年终结算未收的承包金和利润时,借记"内部往来"、贷记该账户,年终将该账户贷方余额转入"本年收益"账户,结转后,该账户应无余额。发包及上交收入账户应设置"承包金"、"上交利润"两个二级账户,并按具体项目进行明细核算。

　　【例3】　某家庭养猪场收到农户张三虎交来承包肥育猪猪舍的承包金8000元。

　　　　借:现金　　　　　　　　　　　　　　　　　8000元
　　　　贷:发包及上交收入—承包金—肥育猪猪舍　　8000元

　　【例4】　某家庭养猪场年终结算有关承包户当年应交未交的承包金5000元。

　　　　借:内部往来—有关农户　　　　5000元
　　　　贷:发包及上交收入—承包金　　5000元

　　c.补助收入的核算:补助收入是指家庭养猪场收到财政等有关部门的补助资金。家庭养猪场应设置"补助收入"账户进行核算。收到补助资金时,借记"银行存款"等账户,贷记该账户。年终结转收益时,借记该账户,贷记"本年收益"账户,结转后该账户无余额。

　　【例5】　某家庭养猪场收到乡财政所从银行转来的补助款50000元。

　　　　借:银行存款　　　　50000元
　　　　贷:补助收入　　　　50000元

　　d.其他收入的核算:其他收入是指家庭养猪场除经营收入、发包及上交收入和补助收入以外的其他收入、如罚款收入、存款利息收入、固定资产及库存物资的盘盈收入等。家庭养猪场应设置"其他收入"账户进行核算。发生其他收入时,借记"现金"、"银行存款"等账户,贷记该账户,年终结转时,借记该账户,贷记"本年收益"账户,结转后该账户无余额。

【例6】 某家庭养猪场根据场规对其职工李某损坏猪场财产行为罚款2000元,款存银行。

借:银行存款　　　　　　　　　2000元
贷:其他收入—罚款收入　　　　2000元

【例7】 某家庭养猪在财产清查时盘盈饲料3袋,估价750元。

借:库存物资—饲料　　　　　　750元
贷:其他收入—物资盘盈收入　　750元

(2)成本的核算:家庭养猪场的生产(劳务)成本是指直接组织生产或对外提供劳务等活动所发生的各项生产费用和劳务成本。

①成本项目:家庭养猪场成本项目是指生产、加工猪产品和对外提供劳务发生的直接费用,也包括生产产品和提供劳务而发生的间接费用。

②成本核算:家庭养猪场应设置"生产(劳务)成本"账户,进行成本核算。该账户属于成本类账户,借方反映按成本核算对象归集的各项生产费用和劳务成本,贷方反映完工入库产品和已实现销售的劳务成本,期末借方余额反映在产品或尚未实现销售的劳务成本。该账户按生产费用和劳务成本的种类进行明细核算。

A.猪产品成本核算:猪产品成本的核算,基本上是按分群核算进行的。分群核算时又可分为:育成猪群、种猪群、肥育猪群三个群别。

育成猪群的主产品是种猪,副产品是猪粪等。成本计算的指标是育成猪的单位成本。其计算公式为:

$$育成猪单位(头)成本=\frac{该群饲养费用总额-副产品价值}{全年育成猪饲养量(头)}$$

种猪群的主产品是仔猪,副产品是猪粪等。成本计算的指标是种猪的单位成本。其计算公式为:

$$种猪单位(头)成本=\frac{该群饲养费用总额-副产品价值}{全年种猪饲养量(头)}$$

肥育猪群的主产品是出栏肉猪、猪肉产品,副产品是猪毛、猪粪等。成本计算的指标是种猪的单位成本。其计算公式为:

$$肥育猪单位(头)成本=\frac{该群饲养费用总额-副产品价值}{全年肥育猪饲养量(头)}$$

B.劳务成本核算:对外提供劳务的成本核算,按成本对象归集费用,直接或分别计入劳务成本,借记"生产(劳务)成本"账户,贷记"库存物资"、"应付工资"、"内部往来"、"应付款"、"现金"等账户。对外提供劳务实现销售时,借记"经营支出"账户,贷记"生产(劳务)成本"账户。

【例1】 某家庭养猪场承包了2005年红星养猪场成猪疫苗注射项目,合同约定10月下旬进行注射,红星养猪场提供疫苗注射设备,疫苗注射报酬与注射量挂钩,每头猪0.80元。某家庭养猪场履行合同,按时作业,共注射成猪7500头,疫苗注射报酬6000元已存入银行。注射共支付食宿费500元,交通费150元,注射人员保险费800元,暂欠家庭养猪场注射作业报酬3600元。

a.归集注射期间发生费用时:

借:生产(劳务)成本—成猪疫苗注射　　　　5050元

贷:现金　　　　　　　　　　　　　　　　1450元

　　应付工资　　　　　　　　　　　　　　3600元

b.收到疫苗注射报酬时:

借:银行存款　　　　　6000元

贷:经营收入—劳务收入　　6000元

同时,结转疫苗注射成本

借:经营支出　　　　　　　　　　5050元

贷：生产（劳务）成本——成猪疫苗注射　　　　5050 元

（3）费用的核算

①费用的概念：家庭养猪场的费用是指进行生产经营和管理活动所发生的各种耗费的总和，包括经营支出、管理费用和其他支出等。

②费用的核算：家庭养猪场的费用支出分为两大类：一类是经营性支出，是指与生产、服务等直接经营活动有关的支出，如经营支出；另一类是非经营性支出，是指与生产经营活动没有直接关系的支出，如管理费用、其他支出等。

A. 经营支出的核算：经营支出是指家庭养猪场因销售商品、对外提供劳务等活动而发生的实际支出。包括销售商品的成本、对外提供劳务的成本、维修费、运输费、保险费、饲养费用及其成本摊销等。

家庭养猪场应设置"经营支出"账户对经营支出进行核算。发生经营支出时，借记该账户，贷记"库存物资"、"生产（劳务）成本"、"应付工资"、"内部往来"、"应付款"、"牲畜（猪）资产"等账户。年终结转时，借记"本年收益"账户，贷记该账户，结转后，该账户无余额。家庭养猪场应按经营支出的项目进行明细核算。

【例 1】　某家庭养猪场以现金 250 元支付猪舍劳务费。

借：经营支出　　　　250 元

贷：现金　　　　　　250 元

【例 2】　出售库存猪肉产品一批，价款 30000 元，款存入银行。该批猪肉产品的成本为 28000 元。

借：银行存款　　　　30000 元

贷：经营收入　　　　30000 元

借：经营支出　　　　　　　　28000 元

贷：库存物资——猪肉产品　　　28000 元

【例 3】　某家庭养猪场修理猪栏共发生修理费用 950 元，以现金支付。

　　借:经营支出　　　　　950元

　　贷:现金　　　　　　　950元

　　B.管理费用的核算:管理费用是指家庭养猪场管理活动发生的各项支出,包括管理人员的工资、办公费、差旅费、管理用固定资产折旧费和维修费等。

　　家庭养猪场应设置"管理费用"账户进行核算。发生管理费用时,借记该账户,贷记"应付工资"、"现金"、"银行存款"、"累计折旧"等账户。年终结转时,借记"本年收益"账户,贷记该账户,结转后,该账户应无余。管理费用分别设置"办公费"、"差旅费"、"折旧费"、"管理人员报酬"等明细账户,进行明细核算。

　　【例4】　某家庭养猪场提取并支付本月管理人员工资25450元。

　　借:管理费用—管理人员报酬　　　　25450元

　　贷:应付工资　　　　　　　　　　25450元

　　借:应付工资　　　　　　　　　　25450元

　　贷:现金　　　　　　　　　　　　25450元

　　【例5】　某家庭养猪场提取本年度办公楼折旧费5650元。

　　借:管理费用—折旧费　　　　5650元

　　贷:累计折旧　　　　　　　　5650元

　　C.其他支出的核算:其他支出是指家庭养猪场与经营管理活动无直接关系的支出。如公益性固定资产折旧费用、利息支出、猪资产的死亡毁损支出、固定资产及库存物资的盘亏、损失、防汛抢险支出、无法收回的应收款项损失、罚款支出等。

　　家庭养猪场应设置"其他支出"账户进行核算。发生其他支出时,借记该账户,贷记"累计折旧"、"现金"、"银行存款"、"库存物资"、"应付款"等账户。年终结转时,借记"本年收益"账户,贷记该账户,结转后,该账户无余额。

【例6】 某家庭养猪场结转已清理完毕的办公房屋的净损失1200元。

借:其他支出—固定资产清理损失　　　　1200元

贷:固定资产清理　　　　　　　　　　　1200元

【例7】 某家庭养猪场丢失一批钢材,价值1500元。经研究批准,由保管员李力赔偿700元,其余记入其他支出。

借:其他支出—财产物资盘亏　　　　800元

　　内部往来—李力　　　　　　　　700元

贷:库存物资—钢材　　　　　　　　1500元

(4)收益的核算:家庭养猪场的收益是指在一定期间(月、季、年)内生产经营、服务和管理活动所取得的净收入,即为收入减支出的差额。它反映一定期间的财务成果,是反映、考核家庭养猪场生产经营和服务质量的一项综合性财务指标。

①收益总额的构成:家庭养猪场的全年收益总额按下列公式计算:

收益总额＝经营收益＋补助收入＋其他收入－其他支出

经营收益＝经营收入＋发包及上交收入＋投资收益－经营支出－管理费用

投资收益是指投资所取得的收益扣除投资损失后的余额。包括对外投资分得的利润、现金股利、债券利息和到期收回及中途转让取得款项高于原账面价值的差额等。投资损失包括投资到期及中途转让取得款项低于原账面价值的差额。在会计账簿上,投资收益的数额即为“投资收益”账户的贷方余额。

②收益的核算:家庭养猪场应设置“本年收益”账户,核算年度内实现的收益(或亏损)总额。期末将“经营收入”、“发包及上交收入”、“补助收入”、“其他收入”账户的余额转入该账户贷方;同时将“经营支出”、“管理费用”和“其他支出”账户的余额转入该账户的借方。“投资收益”账户是贷方余额,转入“本年收益”账户的贷方;

如果是借方余额,转入"本年收益"账户的借方。

年度终了,应将本年实现的收益或亏损,转入"收益分配"账户,结转后"本年收益"账户无余额。

【例1】 某家庭养猪场2005年12月份各损益类账户余额如表3-2:

表 3-2 损益类账户余额

账户名称	借方余额(元)	贷方余额(元)
经营收入		20 000
发包及上交款收入		25 000
补助收入		30 000
其他收入		7 500
投资收益		8 500
经营支出	17 000	
管理费用	40 000	
其他支出	6 000	

根据表中账户余额,作如下转账分录:

a.结转各项收入:

借:经营收入 20000元

发包及上交收入 25000元

补助收入 30000元

其他收入 7500元

贷:本年收益 82500元

b.结转各项支出:

借:本年收益 63000元

贷:经营支出 17000元

管理费用 40000元

　　　　其他支出　　　　　　6000 元
　　c. 结转投资收益：
　　借：投资收益　　　　　8500 元
　　贷：本年收益　　　　　8500 元

　　转账后,"本年收益"账户借方发生额为 63000 元,贷方发生额为 91000 元(82500＋8500),本年度的收益为 28000 元(91000－63000)。最后结转本年收益。会计分录为：

　　借：本年收益　　　　　　　　　　28000 元
　　贷：收益分配—未分配收益　　　　28000 元

　　(5)收益分配的核算

　　①收益分配的要求：家庭养猪场的收益分配,是指把当年已经确定的收益总额连同以前年度的未分配收益,按照一定的标准进行合理分配。在收益分配前,首先编制收益分配方案,规定各分配项目及分配比例。分配方案经家庭养猪场成员大会或成员代表大会讨论通过后执行。其次,应做好分配前的各项准备工作,清理财产物资,结清有关账目,以保证分配及时兑现,确保收益分配工作的顺利进行。

　　②收益分配的顺序：家庭养猪场的收益,按照下列顺序进行分配：

　　a. 提取公积公益金。公积公益金用于发展生产,包括转增资本和弥补亏损,也可用于集体福利等公益设施建设。

　　b. 提取福利费。福利费用于集体福利、文教、卫生等方面的支出(不包括兴建集体福利设施支出),包括职工因公伤亡的医药费、生活补助及抚恤金等。

　　c. 向投资者分利。向投资者分利,体现互惠互利的原则。分配的比例应按照合同或协议的规定,结合经营情况确定。

　　d. 其他分配。

　　③收益分配的核算：家庭养猪场应设置"收益分配"账户,用于

核算当年收益的分配（或亏损的弥补）和历年分配后的结存余额，该账户应设置"各项分配"、"未分配收益"两个明细账户。家庭养猪场用公积公益金弥补亏损时，借记"公积公益金"账户，贷记"收益分配—未分配收益账户；按规定计算提取公积公益金、提取应付福利费等，借记"收益分配—各项分配"账户，贷记"公积公益金"、"应付福利费"、"应付款"、"内部往来"等账户。

年终，将全年实现的收益总额，"本年收益"账户转入"收益分配"账户，借记"本年收益"账户，贷记"收益分配—未分配收益"账户；如为净亏损，作相反会计分录。同时，将"收益分配—各项分配"明细账户的余额转入"收益分配—未分配收益"明细账户。年终，"收益分配—各项分配"明细账户应无余额，"未分配收益"明细账户的贷方余额表示未分配的收益，借方余额表示未弥补的亏损。

年终结账后，发现以前年度收益计算不准确，或有漏记的会计业务，需要调增或调减本年收益的，在"收益分配—未分配收益"账户核算。调增时借记有关账户，贷记"收益分配—未分配的收益"；调减时借记"收益分配—未分配收益"，贷记有关账户。

"收益分配"账户的余额为历年积存的未分配收益（或未弥补亏损）。

【例1】　某家庭养猪场用公积公益金弥补上年亏损6500元。

借：公积公益金　　　　　　　　　6500元

贷：收益分配—未分配收益　　　　6500元

【例2】　某家庭养猪场2005年度实现收益80000元。按以下方案进行分配：按50%提取公积公益金，按15%提取福利费，按20%进行投资分利。

结转本年收益时：

借：本年收益　　　　　　　　　　80000元

贷：收益分配—未分配收益　　　　80000元

进行各项分配时：

借：收益分配—各项分配—提取公积公益金　　40000元

　　　　　　　　　　—提取福利费存　　12000元

　　　　　　　　　　—投资分利　　16000元

贷：公积公益金　　40000元

　　应付福利费　　12000元

　　应付款—有关单位　　16000元

结转各项分配时：

借：收益分配—未分配收益　　68000元

贷：收益分配—各项分配　　68000元

经过上述账务处理后，"收益分配—未分配收益"账户余额为12000元(80000-68000)，即为年终未分配收益。

【例3】　某家庭养猪场2005年年终结账后，发现肥育猪场承包人张三欠承包费2000元，未入账。

借：内部往来—张三　　2000元

贷：收益分配—未分配收益　　2000元

【例4】　某家庭养猪场2005年年终结账后，发现上年少计算邮电费300元。

借：收益分配—未分配收益　　300元

贷：应付款—邮电局　　300元

5. 家庭猪场的会计报表

(1)会计报表的定义及种类：会计报表是反映家庭养猪场一定时期内经济活动情况的书面报告。应按规定准确、及时、完整地编报会计报表，定期向上级业务主管部门上报，并向全体成员公布。

家庭养猪场应编制以下会计报表：①月份、季度报表：包括科目余额表和收支明细表。②年度报表：包括资产负债表和收益及收益分配表。

(2)资产负债表及其编制：资产负债表是总括地反映家庭养猪场在某一特定日期财务状况的会计报表。

资产负债表是以会计等式"资产＝负债＋所有者权益"为理论依据，采用账户式结构编制的。该表左边反映资产项目，右边反映负债和所有者权益项目，左、右两边总计相等。资产、负债项目的分类是按流动性划分的，并按流动性的快慢依次排列。资产负债表 3-3 的格式如下：

表 3-3　资产负债

年　月　日　　　　　　　　　　场会 01 表

编制单位：　　　　　　　　　　　　　　单位：元

资　产	行次	年初数	年末数	负债及所有者权益	行次	年初数	年末数
流动资产：				流动负债：			
货币资金	1			短期借款	35		
短期投资	2			应付款项	36		
应收款项	5			应付工资	37		
存货	8			应付福利费	38		
流动资产合计	9			流动负债合计	41		
农业资产：				长期负债：			
牲畜(猪)资产	10			长期负债及应付款	42		
林木资产	11			一事一议资金	43		
农业资产合计	15			长期负债合计	46		
长期资产：				负债合计	49		
长期投资	16						
固定资产							
固定资产原价	19						
减：累计折旧	20			所有者权益：			

资　产	行次	年初数	年末数	负债及所有者权益	行次	年初数	年末数
固定资产净值	21			资本	50		
固定资产清理	22			公积公益金	51		
在建工程	23			未分配收益	52		
固定资产合计	26			所有者权益合计	53		
资产总计	32			负债和所有者权益总计	56		

资产负债表的编制说明：

①该表反映家庭养猪场年末全部资产、负债和所有者权益状况。

②该表"年初数"按上年末资产负债表"年末数"栏所列数字填列。如本年资产负债表项目的名称、内容同上年不一致，应对上年项目的名称和数字，按照本年的规定进行调整，填入本表"年初数"栏内，并加以书面说明。

补充资料：

项　目	金　额
无法收回、尚未批准核销的短期投资	
确实无法收回、尚未批准核销的应收账款	
盘亏、毁损和报废、尚未批准核销的存货	
死亡毁损、尚未批准核销的猪资产	
无法收回、尚未批准核销的长期资产	
盘亏和毁损、尚未批准核销的固定资产	
毁损和报废、尚未批准核销的在建工程	

③本表"年末数"各项目的内容和填列方法如下：

第一，"货币资金"项目，反映现金、银行存款等货币资金的合计数。根据"现金"、"银行存款"账户年末余额合计填列。

第二，"短期投资"项目，反映购入的各种能随时变现，持有时间不超过一年（含一年）的有价证券等投资。根据"短期投资"账户年末余额填列。

第三，"应收款项"项目，反映应收而未收回和暂付的各种款项。根据"应收款"账户年末余额和"内部往来"各明细科目年末借方余额合计数填列。

第四，"存货"项目，反映年末在库、在途、在加工的各项存货价值，包括各种原材料、产品和在产品等物资。本项目应根据"库存物资"、"生产成本"账户年末余额合计数填列。

第五，"牲畜（猪）资产"项目，反映购入或培育的猪雏、育成猪和成猪的账面余额。根据"牲畜（猪）资产"账户年末余额填列。

第六，"长期投资"项目，反映家庭猪场不准备在一年内（不含一年）变现的投资。本项目应根据"长期投资"科目的年末余额填列。

第七，"固定资产原价"、"累计折旧"项目，反映各种固定资产原价及累计折旧。这两个项目根据"固定资产"、"累计折旧"账户的年末余额填列。反映因出售、报废、毁损等原因转入清理的固定资产净值。

第八，"固定资产清理"项目，以及在清理中所发生的清理费用、变价收入及结转的清理净收入（或净损失），根据"固定资产清理"账户的年末借方余额填列。如为贷方余额，应以"－"号表示。

第九，"在建工程"项目，反映各项尚未完工或已完工尚未办理决算的工程项目的实际成本。根据"在建工程"账户年末余额填列。

第十，"短期借款"项目，反映借入尚未归还的一年期以下（含一年）的借款。根据"短期借款"账户的年末余额填列。

第十一，"应付款项"项目，反映应付、未付及暂收的各种款项。根据"应付款"和"内部往来"的各明细账户年末贷方余额合计数填列。

第十二，"应付工资"项目，反映已提取但尚未支付的职工工资。根据"应付工资"账户年末余额填列。

第十三，"应付福利费"项目，反映已提取但尚未使用的福利费金额。根据"应付福利费"账户年末贷方余额填列；如为借方余额，以"一"号表示。

第十四，"长期借款及应付款"项目，反映借入尚未归还的一年期以上(不含一年)的借款以及偿还期在一年以上(不含一年)的应付未付款项。根据"长期借款及应付款"账户年末余额填列。

第十五，"资本"项目，反映实际收到的投入资本总额。根据"资本"账户的年末贷方余额填列。

第十六，"公积公益金"项目，反映公积公益金的年末余额。根据"公积公益金"账户的年末贷方余额填列。

第十七，"未分配收益"项目，反映尚未分配的收益。根据"本年收益"和"收益分配"账户的余额计算填列。未弥补的亏损以"一"号表示。

(3)收益及收益分配表的编制：收益及收益分配表是反映一定期间收益的实现及分配情况的报表。

收益及收益分配表，由本年收益和收益分配两大部分组成。本年收益包括经营收入、经营收益和本年收益三个大的项目，收益分配部分包括本年收益、可分配收益、年末未分配收益三个大的项目，它们之间存在以下滚动性计算关系：

经营收益＝经营收入＋发包及上交收入＋投资收益－经营支出－管理费用

本年收益＝经营收益＋补助收入＋其他收入－其他支出

年末未分配收益＝本年收益＋年初未分配收益＋其他转入－

各项分配

收益及收益分配表的格式如表 3-4：

表 3-4　收益及收益分配

年度　　　　　　　　　　场会 02 表

编制单位：　　　　　　　　　　　　　　　　单位:元

项　目	行次	金额	项　目	行次	金额
本年收益			收益分配		
一、经营收入	1		四、本年收益	21	
加:发包及上交收入	2		加:本年未分配收益	22	
投资收益	3		其他转入	23	
减:经营支出	6		五、可分配收益	26	
管理费用	7		减:1.提取公积公益金	27	
二、经营收益	10		2.提取应付福利	28	
加:补助收入	12		3.外来投资分利	29	
其他收入	13		4.农户分配	30	
减:其他支出	16		5.其他	31	
三、本年收益	20		六、年末未分配收益	35	

收益及收益分配表的编制说明：

①本表反映家庭养猪场年度内收益的实现及其分配的实际情况。

②本表主要项目的内容及其填列方法如下：

第一，"经营收入"项目，反映各项生产、服务等经营活动取得的收入。应根据"经营收入"账户的本年发生额填列。

第二，"发包及上交收入"项目，反映收取农户和其他单位上交的承包金等。根据"发包及上交收入"账户的本年发生额填列。

第三，"投资收益"项目，反映对外投资取得的收益。本项目应根据"投资收益"账户的本年发生额分析填列；如为投资损失，以

"一"填列。

第四,"经营支出"项目,反映家庭养猪场因销售商品、对外提供劳务等活动而发生的支出。根据"经营支出"账户的本年发生额填列。

第五,"管理费用"项目,反映家庭养猪场管理活动所发生的各项支出。根据"管理费用"账户的本年发生额填列。

第六,"经营收益"项目,反映家庭养猪场当年生产经营活动实现的收益。如为净亏损,本项目数字以"一"填列。

第七,"补助收入"项目,反映家庭养猪场获得的财政等有关部门的补助资金。应根据"补助收入"账户的本年发生额填列。

第八,"其他收入"和"其他支出"项目,反映家庭养猪场与经营管理活动无直接关系的各项收入和支出。这两个项目应分别根据"其他收入"和"其他支出"账户的本年发生额填列。

第九,"本年收益"项目,反映家庭养猪场本年实现的收益总额。如为亏损总额,本项目数字以"一"填列。

第十,"年初未分配收益"项目,反映家庭养猪场上年度未分配的收益。根据上年度收益及收益分配表中的"年末未分配收益"数额填列。如为未弥补的亏损,以"一"填列。

第十一,"其他转入"项目,反映家庭养猪场按规定用公积公益金弥补亏损等转入的数额。

第十二,"可分配收益"项目,反映家庭养猪场年末可分配的收益总额。根据"本年收益"、"年初未分配收益"和"其他转入"项目的合计数填列。

第十三,"年末未分配收益"项目,反映家庭养猪场年末累计未分配的收益。根据"可分配收益"扣除各项分配数的差额填列。如为未弥补的亏损,以"一"填列。

(三)怎样对家庭养猪场的经济活动进行分析

1. 经济活动分析的任务和方法

(1)经济活动分析的任务:家庭养猪场经济活动分析是家庭养猪场依据各种经济资料(如调查、预测、计划、核算等),运用一定的经济指标和科学方法,对生产经营活动的全过程及其成果进行经常的、全面的分析、研究和评价。

家庭养猪场经济活动分析贯穿于经济活动的全过程。家庭养猪场进行事前预测分析,能保证在制定计划、确定的经营目标与家庭养猪场自身的资源条件和市场需要相一致,避免经营计划和决策的失误;在经营管理过程中进行控制分析,能及时地对家庭养猪场的经营活动进行检查,发现偏差,找出原因,改善经营工作,保证经营计划的完成和经营目标的实现;在一个生产过程结束时,对家庭养猪场经营活动过程及成果进行检查总结,为改进下一个生产过程的经营管理活动奠定良好的基础。在商品经济日益发展的条件下,搞好家庭养猪场经济活动分析,对提高家庭养猪场的经营活动和市场竞争能力更为重要。

(2)家庭养猪场经济活动分析的步骤和方法

①经济活动分析的步骤

a. 拟定调查分析提纲,明确分析的时间、地点、对象、内容和目的。

b. 做好资料的收集整理和审核工作。

c. 拟定分析表格,选用分析方法,对经济活动过程进行系统地、全面地、细致地分析研究。

d. 撰写分析报告。全面评价经营成果,提出改进经营管理工作、提高经济效益的建议和措施。

②经济活动分析的方法

A. 对比分析法:又称比较分析法。它是将两个或两个以上的经济指标进行对比,找出差距和存在的问题,并研究这些差距和问题产生的原因,以寻找改进措施的一种分析方法。根据分析的目的和内容不同,对比分析法又可以分为以下几种形式。

a. 计划完成程度对比分析:以计划指标为基数,用绝对增减数、百分比相对数和增减率反映计划完成的情况。

计划完成程度绝对数指标=实际完成数-计划任务数

$$计划完成程度相对数指标 = \frac{实际完成数}{计划任务数} \times 100\%$$

$$计划完成程度增减率 = \frac{实际完成数 - 计划任务数}{计划任务数} \times 100\%$$

b. 本期指标与上年同期指标对比,或与历史最好水平对比,用以反映经济活动的发展趋势。在具体分析时,可采用绝对增减数、百分比相对数、增减率等。

c. 结构对比分析:以总体总量为基数计算各部分所占比重的对比分析。反映和衡量部分对总体的影响程度。一般用百分比相对指标表示:

$$结构相对指标 = \frac{部分}{总体} \times 100\%$$

d. 利用程度对比分析:是对人、财、物等生产要素利用程度进行的对比分析,以反映其利用效果。一般用百分比相对指标表示:

$$利用程度指标 = \frac{实际利用数}{某生产要素总数} \times 100\%$$

或

$$利用程度指标 = \frac{实际利用数}{可能利用数} \times 100\%$$

e. 强度对比分析:是对两个密切联系而不同性质的指标所进行的对比分析。以反映相互构成的经济现象发展的强度、密度、质量、利用程度等。强度对比指标一般用复名数单位表示。如饲养肥育猪密度用"头/平方米"表示。

B.动态分析法:动态分析法是采用动态数列进行比较分析,以全面地分析、考察和评定家庭养猪场的经济发展速度和水平。动态分析常用增长量、发展速度、增长速度、平均发展速度、平均增长速度等指标来表示:

增长量＝报告期水平－基期水平

$$发展速度＝\frac{报告期水平}{基期水平}\times100\%$$

$$增长速度＝\frac{报告期水平－基期水平}{基期水平}\times100\%$$

$$＝发展速度－1$$

$$平均发展速度＝\sqrt[基期]{\frac{最末期指标数值}{最初期指标数值}}$$

平均增长速度(递增速度)＝平均发展速度－1

使用动态指标进行经济活动分析时,必须划分经济发展的不同阶段,按各个阶段的起止期限说明经济发展变化的递增或递减情况,否则计算的指标是没有意义的。同时,对指标中的平均数应有全面的认识,它只代表经济发展的一般水平,不能反映经济发展过程中的变化情况,因此,必须避免动态分析的表面性和片面性。

C.因素分析法,又称连环替代法。它是通过对组成某一经济指标的各个因素进行计算和分析,以确定其对该经济指标的影响程度。计算时应按一定的顺序排列,在假定其他因素不变的情况下,采取逐个替代的方法,分析每一个因素变化对总体指标的影响程度。

举例说明:

某家庭养猪场计划饲养10000头肥育猪,每头猪90千克,总产量900000千克;而实际出栏肥育猪9980头,每头猪95千克,总产量948100千克,比计划增产48100千克。

为了分别确定猪的头数与每头猪的重量两个因素对总产量指标的影响程度,其计算方法是:

a. 由于实际出栏猪的头数比计划饲养猪的头数减少而对总产量的影响程度为:

$$90×(9980-10000)=-1800(千克)$$

b. 由于实际每头猪的产量比计划每头猪产量增加而对总产量的影响为:

$$9980×(95-90)=49900(千克)$$

c. 综合猪的头数变化和每头猪产量的变化对总产量的影响,实际总产量与计划总产量发生差异的绝对数为:

$$(-1800)+49900=48100(千克)$$

因素分析法在分析某个因素的影响程度时,是在假定其他因素保持不变的情况下进行的,因而带有一定的假定性。在实际运用时,应在此基础上作更进一步的具体分析。

2. 家庭养猪场经济活动分析的内容

家庭养猪场经济活动分析的内容很多,主要有经营计划完成情况的分析,资源利用情况的分析,经营成果的分析,投资效果的分析,技术措施经济效果的分析等。

(1)资源利用情况的分析

①土地利用情况的分析:家庭养猪场对土地资源利用情况进行分析,目的是要查明土地利用是否充分,资源是否合理,以便进一步发挥土地潜力,提高土地利用率和土地生产率。土地资源利用情况分析,通常包括以下内容:土地构成分析、土地利用率分析、土地生产力的分析。

②劳动力利用情况分析:劳动力是构成生产力的一项基本要素。家庭养猪场对劳动力利用情况进行分析,目的是要查明劳动力利用情况,充分挖掘劳动潜力,不断提高劳动力利用率和劳动生

产率。劳动力利用情况分析主要包括以下内容：

a.劳动力结构分析。主要是对一个家庭养猪场的劳动力的构成情况进行分析。劳动力结构包括年龄结构、性别结构、知识结构等。通过分析，了解劳动力资源的状况和生产能力。

b.劳动力分配情况分析。主要是分析各部门占用劳动力的比例是否适当，以及劳动力负担的工作量是否合理，以寻找差距，挖掘潜力，积极引导剩余劳动力向需要劳动力的部门转移。

c.劳动力利用状况的分析。主要是分析家庭养猪场劳动力利用率，通常用劳动力在一定时间（年、月）内实际参加与应参加劳动的工作日数的比率来表示，也可用出勤率来表示。通过分析，可以查明劳动力的利用程度，掌握剩余劳动时间的大概数量，以便采取措施，开辟新的利用途径，提高家庭养猪场劳动力的利用率。

d.劳动力利用效果的分析。主要是分析劳动生产率，即分析家庭养猪场劳动力在一定时间（一年）内所生产的产品数量、产值，或生产单位所消耗的劳动时间。家庭养猪场劳动生产率的分析，通常用全员劳动生产率和生产人员劳动生产率等指标。

③生产设备利用情况的分析：生产设备的状况是生产力水平的主要标志，它对提高劳动生产率有着重要的影响。家庭养猪场的生产设备，最主要的是现代化的喂食机、饮水机及消毒设备等。分析生产设备利用情况，能进一步挖掘现有设备的生产潜力，提高其利用的经济效果。

④资金利用情况的分析：资金利用情况的分析，主要是对资金结构、固定资金利用情况和流动资金利用情况进行分析。

a.资金结构的分析：资金结构分析，是计算家庭养猪场各类资金的占有情况及在全部资金中所占的比重，通过计算分析，可以了解家庭养猪场占有资金的合理程度和利用状况。一般分析自有资金和借入资金的数量及在全部资金中所占的比重；固定资金和流动资金的数量及在全部资金中所占的比重。

b.固定资金利用情况的分析：主要分析指标每百元固定资金产值率和每百元固定资金利润率。这两个指标的数值越高,表明固定资金的利用效果越好。

c.流动资金利用情况的分析：分析家庭养猪场流动资金利用情况,一般采用流动资金周转率、产值资金率和流动资金利润率三个指标。

流动资金周转率是反映流动资金周转速度的指标,可以用流动资金年周转次数或流动资金周转一次所需的天数来表示。在一定时期内流动资金周转的次数越多,或周转一次所需的天数越少,说明流动资金利用的效果越好。

产值资金率通常用每百元产值占用的流动资金数来表示。在一定生产条件下,产值资金率越低,说明流动资金的利用情况越好。

流动资金利润率是指在一定时期内(一年)产品销售利润与流动资金占有额之间的比率,其计算公式如下:

$$流动资金利润率=\frac{年产品销售利润总额}{年流动资金平均占有额}\times100\%$$

流动资金利润率是考核和评价流动资金利用效果的综合性指标。流动资金利润率越高,表明流动资金利用效果越好,给家庭猪场创造的纯收入越多。

(2)投资效果的分析

①有效成果的分析

$$投资效果=\frac{有效成果}{投资总额}$$

由于有效成果可以是总产值(总产量)、净产值、盈利额、增收额等,所以与投资总额的比值,则分别为投资生产率、投资收益率、投资盈利率、投资增收率。

②投资效果的分析

a. 投资回收期：是指投资总额与年平均盈利额比较，由于每年增加的盈利额收回全部投资所需的期限。其计算公式如下：

$$投资回收期(年)=\frac{投资总额}{年平均盈利额}$$

在一般情况下，投资回收期越短，说明投资效果越好。

b. 投资效果系数：是投资回收期的倒数，即：

$$投资效果系数=\frac{年平均盈利额}{投资总额}$$

确定投资经济效果的最低标准是：投资效果系数应等于贷款利息率。当然。投资效果系数越大越好。

c. 投资比较值：是指投资总额与在定额回收期内回收资金的差额，其计算公式如下：

投资比较值＝投资总额－年平均盈利额×定额回收期

采用投资比较值分析，有利于提高投资的经济效果。当比较值小于 0 时，说明在定额回收期内，不仅收回全部投资，而且还有盈余；当比较值大于 0 时，说明在定额回收期内未全部收回投资。所以，比较值是负数，而且趋向越来越小时，其投资方向最佳。

③投资时间价值分析：家庭养猪场进行投资时，因为资金是有时间价值的，所以还要考虑到投资后的收入与投资现值的比值，要求将来的收入大于现值的本息，这样投资才真正有效。因此，要进行投资时间价值的分析。一般有两种计算方法：一是将现值折未来值，二是将未来值折现值。

a. 现值折未来值：把投资现值折成未来值进行分析，如果投资现值的本利相加大于投资若干年收回的收入额，说明投资无利可图，投资效果不好；如果投资现值的本利相加小于投资若干年收回的收入额，说明投资有利可图，投资效果较好。

现值折未来值，可用复利率方法计算。复利率的计算公式如下：

本利之和(F)＝本金(p)×$[1＋$年利率$(i)]^{年数(n)}$

这里要说明的是,在回收期限以前,投资的回收额,也要计算其本利之和,因为它本身也有时间价值。

b.未来值折现值(收入现值):它是将未来收入的现值与现在的投资相比,如果未来收入的现值大于现在的投资总额,则投资有利;如果未来收入的现值小于现在的投资总额,则投资无利。

根据复利计算公式,可计算如下:

投资回收期中的收入额＝投资现值×$(1＋$年利率$)^{回收期限(n)}$

由上式得:

$$投资现值＝\frac{投资回收期中的收入额}{(1＋年利率)^{回收期}}$$

这里需要说明,投资后每年的收入额必须分年计算,然后将它们相加,才比较准确。

还要注意,因为资金的价值受物价因素的影响,运用以上两种方法计算时,只考虑银行利息因素,而没有考虑到物价变化的影响。因此,在计算不同年度的资金额时,应以同一不变价格计算,以排除物价变化的影响。

家庭养猪场的经济活动分析,在实际运用时,应根据生产经营管理的实际需要确定分析的内容和指标,这样才能发挥经济活动分析应有的作用。

(3)生产经营成果的分析:家庭养猪场生产经营成果的分析,主要对产品产量、产值、产品成本和家庭养猪场盈利等指标进行分析。

①产品产量分析:产品产量是家庭养猪场生产经营活动的最终成果。对产品产量的分析,一般包括以下几个方面的内容:

a.产品生产计划完成情况分析:分析产品生产计划完成情况,就是检查一定时期内各种主要产品产量和全部产品产值计划完成情况。分析时,一般采用比较法,将实际指标与计划指标相对比,用相对数表示产品计划完成程度,用绝对数表示两者的差距。

　　b.产品产量动态分析:指将历年的产量,按时间先后顺序排列,计算动态分析指标,以分析增产或减产的原因及发展趋势。对过去若干年家庭猪场生产发展情况进行分析研究,要计算其增长量、发展速度、平均发展速度、增长速度、平均增长速度等指标,以反映生产的发展水平,预测未来时期的发展趋势。

　　②产品成本分析:产品成本是衡量家庭养猪场经营管理水平和生产经营成果的综合指标之一。进行产品成本分析,揭示各种产品成本高低的原因,对降低产品成本,提高家庭养猪场盈利是非常必要的。

　　产品成本分析,一般包括以下内容:

　　a.全部产品总成本计划完成情况的分析:分析的目的是为了弄清本期全部产品的实际总成本比计划总成本是降低还是增加,并进一步查明原因。在分析时可计算下列指标:

$$全部产品总本计划完成率 = \frac{实际总成本}{计划总成本} \times 100\%$$

$$= \frac{\sum(每种产品实际单位成本 \times 实际产量)}{\sum(每种产品计划单位成本 \times 实际产量)}$$

全部产品总成本增降额 = 全部产品实际总成本 - 全部产品计划总成本

$$全部产品总成本增降率 = \frac{全部产品总成本增降额}{全部产品计划成本} \times 100\%$$

　　b.主要产品成本的分析:一般分析主要产品成本计划的完成情况。计算公式如下:

$$主要产品成本计划完成率 = \frac{实际单位成本}{计划单位成本} \times 100\%$$

　　为了进一步查明主要产品单位成本降低或上升的原因,还要分析影响成本变动的因素,可采用因素分析法,确定各种因素的影响程度,以便进一步寻求降低成本的途径。

③盈利的分析:盈利是衡量家庭养猪场经营管理水平和生产经营最终成果的综合性指标。盈利分析主要是进行盈利计划完成情况和影响因素的分析。

a.盈利计划完成情况的分析:是将实际盈利总额与计划盈利总额进行比较,求出盈利计划完成的绝对数和相对数(即盈利计划完成率)。其计算公式如下:

盈利计划完成额＝实际盈利总额－计划盈利总额

$$盈利计划完成率＝\frac{实际盈利总额}{计划盈利总额}×100\%$$

b.影响盈利因素的分析:影响盈利的主要因素是产量、价格和产品成本等。

i.产量对盈利计划完成的影响程度:在假定产品价格和成本不变的条件下,产量计划完成率就是盈利计划完成率,其关系可用以下公式表示:

产量对盈利的影响程度＝计划盈利×(产量计划完成率－1)

ii.产品价格对盈利的影响:在假定产量和单位成本不变的情况下,价格升降幅度就是盈利增减的幅度,其关系可用下列公式表示:

价格对盈利的影响程度＝实际产量×价格升降幅度

iii.产品成本对盈利的影响:在假定产量和价格不变的情况下,成本提高,盈利减少;成本降低,盈利增加。其关系可用下列公式表示:

成本对盈利的影响程度＝实际产量×(单位产品价格－单位成本)

3. 运用量本利对家庭养猪场进行敏感性分析

所谓量本利敏感性分析就是盈亏临界点分析。盈亏临界点,就是当生产规模值达到这个点时,猪场既不盈利,也不亏损,刚刚可以维持生产;当生产规模值小于这个点,猪场就面临亏损;当生产规模值大于这个点,猪场就能盈利。

在盈亏点分析法中,首先须建立生产规模与成本的变化关系,然后进行计算、分析,这里的生产规模用生产产量来表示。具体分析时,可采用下面两种方法:

(1)计算法:在正常生产年度内,猪场总的产品销售收入应该是产品年产量同单位产品价格的乘积。其计算公式为:

$$R = PX$$

式中:R 为猪场在正常年度内的销售收入;P 为单位产品的价格;X 为产品年产量。

同时,在正常年度内,猪场生产的总成本应该是固定成本和单位产品成本与产量的乘积之和,即:

$$C = F + VX$$

式中:C 为猪场在正常年度内生产的总成本;F 为猪场年度内产品固定成本;V 为单位产品的变动成本;X 为猪场年度内产品产量。

按照收支平衡和盈亏点的概念,当猪场的收入和支出平衡时,销售收入应该等于生产总成本。从上两式得:

$$X = F + VX$$

$$X = \frac{F}{P - V}$$

如果考虑产品的税金,则上式可改写为:

$$X = \frac{F}{P - V - D}$$

式中:D 为单位产品的税金;X 为从经济角度考虑的盈亏平衡起始生产规模。

例如,据某地区家庭养猪场调查,饲养商品肥育猪,饲养 5 个月出栏,出栏体重 100 千克,每年可饲养两批,每千克出栏毛猪的市场销售价格为 7.6 元,每头猪每年摊销仔猪及饲养费用 620 元,猪场每年固定资产折旧额为 20000 元。问该猪场养多少猪时不亏不盈? 欲盈利 100000 元需养多少头猪?

解:a.设猪场养猪盈亏平衡点时每年出栏猪的总重量为 X 千克。

$$X = \frac{F}{P-V} = \frac{20000}{7.6 - \frac{620 \times 2}{100 \times 2}} \approx 14286(千克)$$

则:盈亏平衡点时的养猪规模是:

$14286 \div 100 \approx 143(头)$

所以,该猪场养猪 143 头时不盈不亏。

b.设该猪场养猪盈利 100000 元时的产量为 X 千克。

则:$A = PX - (F + X \cdot V)$

其中:A 为猪场年盈利额。

$$X = \frac{A+F}{P-V} = \frac{100000 + 20000}{7.6 - \frac{620 \times 2}{100 \times 2}} \approx 85714(千克)$$

猪场年盈利 100000 元时的养猪规模是:

$85714 \div 200 \approx 429(头)$

所以,猪场每年欲盈利 100000 元时,需养猪 429 头。

(2)图解法:在平面直角坐标系中,以横坐标表示猪场年内总产量(生产规模),以纵坐标表示固定成本、总成本、销售收入的金额(见图 3-1)。按上述推理,$R = PX$,$C = F + VX$,二者均为一次函数,分别代表两条不同的直线,由于这两条直线的斜率不同,故这两条直线必相交于一点。假定这个点为 P,P 点即为盈亏平衡点。P 点在横坐标上的坐标值 P_0 即为起始规模。

从上述两种方法分析可知,当猪场的产量为 $X = \frac{F}{P-V-D}$ 或 $X = P_0$ 猪场既不盈利,也不亏损;当 $X < P_0$ 时,猪场面临亏损;当

$X > P_0$ 时,猪场就会盈利。

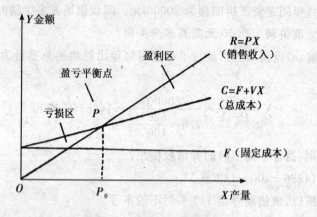

图 3-1　图解盈亏点分析法

(3)适宜规模的确定:适宜规模一般是指能够达到最好经济效果的生产规模,通常采用盈亏区间法来确定。根据预测的销售收入、固定成本、变动成本等值,可以绘图 3-2。

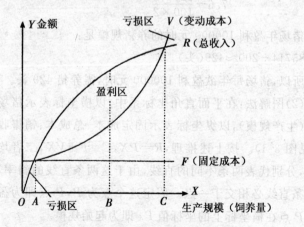

图 3-2　生产规模与固定成本、变动成本
及总收入的关系

从图 3-2 可以看出,固定成本 F 是不变的,而变动成本 V 则随着生产规模的增加而逐渐增加,R 为销售收入。其结果是 OA 为亏损区,AC 为盈利区,B 为最佳生产规模点(盈利最多),AC 以外又为亏损区,A、C 为最小和最大生产规模的盈亏转折点。

从图 3-2 中可以看出,猪场投产后,随着生产规模加大,产品产量逐渐增加,销售收入逐渐上升,但生产规模未达到 A 点以前,猪舍及各种设备未能充分发挥能力,产品的销售收入不能抵偿固定成本和变动成本,猪场处于亏损状态;当生产规模超过 A 点后,猪场开始盈利,当达到 B 点时,生产设备、饲养技术及经营管理都发挥到最好水平,猪场获得最高盈利(总收入与总成本的余额最大);当生产规模超过 B 点后,由于生产设备、饲养技术及管理水平的限制,产品产量上升幅度减缓乃至出现停滞、下降的趋势,销售收入也呈同样变化,盈利也逐渐减少;当生产规模超过 C 点后,产品的销售收入又不能抵偿总成本,猪场又面临亏损。

作为一个新建的家庭养猪场,究竟办多大规模,养多少头猪合适,这要从投资能力、饲料来源、房舍条件、技术力量、管理水平、产品销量等诸方面情况综合考虑、确定。如果条件差一些,猪场的规模可以适当小一些,如养猪 200～300 头,待积累一定的资金,取得一定的饲养和经营经验之后,再逐渐增加饲养数量。如果投资大,产品需求量多,饲料供应充足,而且具备一定的饲养和经营经验,这样,猪场规模可以建得大一些,以便获得更多的盈利。但是,猪场的规模一旦确定,绝不能盲目增加饲养数量,提高饲养密度。否则,猪群总产量低,死亡率高,造成经济损失。

四、怎样做好家庭养猪场
的产品营销工作

(一)怎样对家庭养猪场的产品进行开发、加工与包装

家庭养猪场根据市场需求配置资源,组织生产,获得产品后,便要开展市场营销活动,以实现产品价值并获取利润。

1. 家庭养猪场产品开发

产品是一个整体,是指能满足消费者某种需要和愿望的有形物体和一系列无形服务的总称。这个整体主要包括三个层次,即产品的核心、产品的形式和产品的延伸。

产品的核心是指提供给消费者的基本消费需求。顾客购买家庭养猪场产品,并不是为了获得这一产品本身,而是为了获得产品所能带来的利益和功能。如顾客购买猪肉产品,真正的原因是为了满足吃的需要。产品的核心是产品的实质部分,是消费者需求的中心内容。

产品的形式是指产品在市场出现时的物质实体和外观,包括产品的质量、特色、商标和包装等,把产品的核心部分从形式上反映出来。它是产品核心的扩大,是产品差异化的标志。它能够加

强产品的观感和吸引力,为消费者提供满意的选择。

产品的延伸是指顾客购买产品时所得到的一系列附加利益,包括服务、保证、运送等。随着生产技术的迅速发展和市场竞争的日趋激烈,产品的附加利益越来越成为消费者决定购买的重要因素。家庭养猪场要形成一套较为完整的服务体系。

现代顾客所追求的是整体产品,家庭养猪场对产品的核心层、形体层和延伸层,应同时予以高度重视,以争取更多的消费者。

(1)产品的特点

①产品的多样性:产品的多样性是由人们需求的多样性所决定的。家庭养猪场应努力使产品多样化,以满足人们各种不同的需求。

②产品的弹性:任何产品都存在着弹性。一般地讲,生活必需品弹性较小;享受品弹性较大。家庭养猪场应研究产品弹性,确定营销组合策略。

③产品的替代性:许多产品尽管其实体和外形有所不同,但它们之间的使用价值会相似或基本相同,是彼此能够相互替代的。在市场上,几乎全部产品都拥有可替代的产品。对一种产品来说,能替代它的产品越多,价格对其影响就越大;反之,则越小。家庭养猪场要充分认识产品的这一特点,安排好最佳产品组合。

④产品的发展性:人们生活水平的不断提高,导致人们消费需求的更新,要求市场提供不同档次的产品,满足人们的新需求。因此,家庭养猪场应注意研究产品的发展性。

⑤产品的调节性:指产品在消费上具有的指导性和可诱导性。要了解消费者的消费需求,通过运用各种促销手段和营销策略,调节消费者的购买行为,诱导消费者购买本家庭养猪场的产品。

(2)产品的寿命(生命周期):任何产品都有两种"寿命",一是使用寿命,二是市场寿命。产品使用寿命,是指具体产品的使用时间。产品使用价值消失,其使用寿命终结。产品的市场寿命,也称市场经济寿命,是指产品从研制(开发)成功在市场上出现,直至被市场淘汰为止所经历的时间。

产品的生命周期,是指产品的市场经济寿命。产品的整个生命周期是由产品的开发期、投入期、成长期、成熟期和衰退期等五个相互联系的阶段组成。在产品的开发期,产品研制尚未成功或研制成功还未投入市场,其销售额等于零。进入投入期,销售增长率缓慢上升。到达成长期以后,销售额快速增长。在成熟期,销售额虽然还会有一点增加,但增长速度已经很慢。进入衰退期,销售额开始下降。

产品的生命周期,会因产品不同而表现出长短不一。愈是生活必需品,生命周期愈长,销售额可以无限地在成熟期持续下去。

(3)新产品开发:新产品是指与老产品相比,在结构、性能、技术特征等某一方面或几个方面有显着改进、提高,推广价值高,经济效益好,在一个省、自治区、直辖市范围内第一次研制成功,经主管部门鉴定确认,在市场上初次出现的产品。

产品是一个家庭养猪场生存发展的基础,只有不断地开发新产品,适应消费者不断变化的需求,家庭养猪场才会持续地取得利润,增强家庭养猪场的生命力。随着市场需求的变化,家庭养猪场要努力开发新产品,做到"三个一代",即生产一代产品,研制一代产品,预研一代产品,使新产品连续不断,代代相传。

2. 家庭养猪场产品加工

家庭养猪场产品加工是指用物理、化学等方法,对产品进行处理,以改变其形态和性能,使之更加适合消费需要的过程。家庭养猪场产品加工既是生产过程的延续,即生产过程的一部分,又是流通过程中的一个重要环节,它和运输、储存构成市场的实体职能。

家庭养猪场的产品从生产领域生产出来的时候,虽能消费,但使用价值不高。为此,对产品加工,既能更好地满足消费,又能因追加劳动而提高家庭养猪场产品价值。

家庭养猪场应从单纯的原始产品生产,转向生产、加工和销售一体化的方向发展,以便从产品加工中获取经济效益,并更符合消费者需求。

(1)家庭养猪场产品加工的层次:按家庭养猪场产品加工的深度,可分为初加工和深加工。

(2)家庭养猪场产品加工的方法

①分拣、分割:市场交易是按质论价,优质优价。家庭养猪场的产品,如以统货销售,其价格不可能定高。若进行分拣、分等级,其最低等级的产品也可能按统货价销售,其余的便能分别定为次高价、高价、特高价,以获得超过加工劳动报酬的额外纯收入。

②产品深加工:如猪肉可以做成罐头、香肠、肉粉、真空制品等,这样均可大大提高其经济价值。

(3)家庭养猪场产品加工的趋向性:家庭养猪场产品加工要处理好原料产地与成品消费地的关系,使两地接近,以保持原料和成品的鲜度,减少原料和成品损耗,节省运输费用。

3. 家庭养猪场产品的包装

包装在家庭养猪场产品销售中极为重要,许多家庭养猪场在市场营销中,把产品的包装、价格、分销管道和销售促进排在一起,视为重要的营销策略。

在现代市场营销中,一方面,包装是产品生产的最后一道工序,是产品不可分割的重要组成部分;另一方面,包装既附加产品的物质价值,又追加劳动,增加新的价值,是家庭养猪场增加经营收入的途径之一。因此,包装是商品的重要组成部分。开发产品,必须同时进行包装的开发。

（二）怎样对家庭养猪场产品进行定价

　　家庭养猪场产品价格是其价值的货币表现,它既反映商品价值量,又反映商品供求和交换关系。价格是市场营销组合的一个重要组成部分。价格策略是市场营销战略的重要内容。组织市场营销活动,要以价格理论作指导,根据变化着的价格影响因素,灵活地运用价格策略合理地制定产品价格,以便在市场营销中取得较大的经济效益和社会效益。

1. 家庭养猪场产品价格的构成和影响因素

　　（1）家庭养猪场产品价格的构成:家庭养猪场产品价格主要由生产成本、税金、流通费用和利润四个要素所决定。

　　①生产成本:是指家庭养猪场产品在生产过程中所耗费的物质资料和人工费用的货币总额。它是构成家庭养猪场产品价格的基础,也是制定产品价格的最低经济界限。

　　②流通费用:是指家庭养猪场产品流通过程中所发生各项费用的总称。它主要是家庭养猪场产品流转中购、销、存、运各个环节上的运杂费、保管费、工资、折旧费、利息和物资损耗等支出的费用。

　　在流通费用中,一部分属于生产性流通费用,另一部分属于纯粹流通费用。生产性流通费用是指生产过程在流通领域内继续发生的有关费用,即为继续完成产品最后生产过程,使之适于消费而支付的运输、保管、挑选、整理、包装等费用。生产性流通费用能增加产品价值。纯粹流通费用是为实现家庭养猪场产品支出的费用。它不能增加产品价值。

　　③税金:是国家根据有关法规规定的税种和税率向家庭养猪场无偿征收的款项,它也是家庭养猪场产品价格的组成部分。

④利润:是家庭养猪场的劳动者为社会创造的物质财富的一部分,利润是商品价格的构成之一。

(2)影响家庭养猪场产品市场价格的因素:家庭养猪场产品价格构成因素中的任何一个因素,其发生升降变化,都会引起价格的上下波动。

①生产成本增加,则价格随之上升;反之,生产成本节约,则价格可随之下降。

②流通费用增加,则价格随之上升;反之,流通费用节省,则价格可随之下降。

③国家税种增加,税率提高,则价格随之上升;反之,税种减少,税率调降,甚至有减免税优惠,则价格可下降。

④家庭养猪场追求利润增加,则价格必然上升;反之,家庭养猪场只获取合理利润,或让利推销,则价格可下降。

⑤市场上的商品供应总量与需求总量之间的比例关系,决定市场零售价格的总水平,从而影响市场商品价格。市场商品供应量大于社会商品购买力,市场上出现供过于求的现象,如超过一定的限度,必然造成物价总水平下降;市场商品供应量小于社会商品购买力,市场上出现供不应求的现象,如超过一定的限度,必然造成物价总水平上涨。

⑥在竞争对手势均力敌的情况下,家庭养猪场宜采用与竞争对手相近或低于其价格的定价方法。面对实力雄厚的强大竞争对手,家庭养猪场宜采用避实就虚、薄利多销的定价策略。独家生产、经营,没有竞争,定价可高些。

⑦市场商品定价还受到国家行政干预和财政、信贷等因素的影响。

2. 家庭养猪场产品的定价方法和策略

任何一个生产经营的家庭养猪场,要在竞争激烈的市场上取

得优势地位,首先要明确定价目标,并采用合适的定价方法和
策略。

(1)定价目标:综合国内外家庭养猪场的经验,下列定价目标
可供借鉴。

①追求最大利润为目标。追求最大利润有两种途径:其一,追
求家庭养猪场的整体经济效益最大。当一个家庭养猪场刚进入某
一市场时,为了开拓市场争夺顾客,可采用低价策略,致使该家庭
养猪场在一定时期内没有盈利。但是,随着该家庭养猪场产品市
场占有率的提高,投入市场产品量的增加,会从整体上给猪场带来
更多的利益。其二,追求家庭养猪场长期总利润最大化。追求最
高利润,并不等于一定追求最高价格,家庭养猪场利润的实现,归
根到底要以产品的价值实现为基础的,如果产品价格定得过高,没
有销路,价值不能实现,利润就化为乌有。如果着眼于家庭养猪场
长期的最大利润,就必须考虑顾客的可接受能力。定价目标以顾
客能接受为标准,薄利多销、薄利快销、扩大和占领更多的市场以
获得较大的持久的利润。

②以取得一定的资金利润率为定价目标。任何家庭养猪场的
投资都希望收到预期的效果。衡量投资预期效果的指标是资金利
润率。家庭养猪场在进行产品定价时,要以达到一定的资金利润
率作为定价目标,即要求在补偿产品成本的基础上,加上预期的利
润水平,以此来确定商品的价格。

③以保持稳定的价格为定价目标。家庭养猪场持续稳定的发
展,需要有一个稳定的市场,稳定的价格。

④以保持良好的营销管道为定价目标。保持营销管道的畅通
是家庭养猪场产品销售的必要条件。为了使营销管道畅通无阻,
必须研究价格对中间商的影响,并保证中间商的利益,如定价中给
中间商一定的回扣,使其有经营的积极性。

⑤以对付竞争对手为定价目标。家庭养猪场定价时,都应考

虑如何对付或避免市场竞争中的价格竞争。通常做法是：以有影响力的竞争者的价格为基准，参考家庭养猪场内部和外部的综合因素，制定本猪场的价格策略。

⑥以保持或增加市场占有率为定价目标。提高市场占有率，对任何家庭养猪场都是十分重要的目标，它是家庭养猪场竞争能力、经营水平的综合表现，是家庭养猪场生存和发展的基础。许多家庭养猪场愿意用较长时间的低价策略来开拓市场，以保持和增加市场占有率。

⑦有些家庭养猪场以维持生存为定价目标，以争取产品质量领先为定价目标。

(2)定价方法：定价方法有多种多样，这里仅介绍几种常用方法。

①成本加成定价法：按产品单位成本加上一定比例的预期利润来确定产品销售价格的定价方法，叫成本加成定价法。计算公式为：

单位产品售价＝单位产品成本×(1＋利润率)

【例1】　某家庭养猪场生产某一种猪肉产品，其单位成本为12元/千克，预期利润率为25％，它的出售价格为：

猪肉产品出售价格＝6.6元/千克×(1＋25％)≈15元/千克

成本加成定价法简单适用，计算方便，但是灵活性差、竞争力弱。

②边际效益定价方法：边际效益定价法是一种只计算变动成本，暂不计算固定成本的计算方法，即按变动成本加预期边际效益的定价方法。

边际效益是指只计算变动成本，而不计算固定成本时所得的效益。其收益值大于成本，则是盈利；反之，则是亏损。

【例2】　某家庭养猪场拥有固定成本20万元，变动成本15万元，预计边际效益18万元，预计猪肉的销售量3万千克。试计算每千克产品售价。

变动成本:15万元

边际效益:18万元

合计:33万元

单位千克产品售价＝33万元÷3万千克＝11元/千克

这种定价方法适宜在市场竞争激烈,商品供过于求,销售困难,价格可随行就市的情况下采用。它可以使家庭养猪场维持现行生产,保住市场占有率,减少亏损,是一种较为灵活的定价方法。

③比较定价法:是把商品按低价和高价销售并进行比较之后再确定价格的一种方法。在商品销售中,一般人只要认为价格高,获利就大,反之就小。其实并非完全如此,在某种情况下,定价低一点,数量多销一点,同样可以获得更大的利润。定价高些,单位产品利润虽大,但销量小,仍然获利少,这就是薄利多销策略的依据所在。

④销售加成定价法:销售加成定价法是零售商以售价为基础,按加成百分率来计算定价方法。计算公式为:

$$单位产品价格＝\frac{单位产品成本}{1-加成率}$$

加成率是指预期利润占产品总成本的百分率。

【例3】　某家庭养猪场新开发的猪肉产品,每千克产品成本为11.5元,加成百分率为20%,则:

$$产品的零售价格＝\frac{11.5}{1-0.2}≈14.38(元/千克)$$

这种定价方法适用于零售商业部门的商品定价。

⑤目标定价法:家庭养猪场根据估计的销售收入(销售额)和估计的产量(销售量)来制定价格的定价方法。

【例4】　某家庭养猪场预计能完成2000千克猪肉产品,估计总成本为19200元,成本利润率为20%,则:

目标利润 = 19200 × 20% = 3840(元)

总收入 = 19200 + 3840 = 23040(元)

$$产品的目标价格 = \frac{23040}{2000} = 11.5(元/千克)$$

此定价方法的产品产量、成本都是估计数,但能否实现目标利润,要看实际情况。如果家庭养猪场的产量较为稳定,成本核算制度健全,此定价方法是适用的。

⑥理解价值定价法:理解价值定价法是家庭养猪场按照买方对商品价值的理解水平,而不是按卖方的成本费用水平来制定的方法。运用该方法定价,首先应正确估计、测定商品在顾客心目中的价值水平,然后再根据顾客对商品所理解的价值水平,定出商品价格。

⑦区分需求定价法:区分需求定价法,又叫差别定价法,是指同种产品在特定条件下可制定不同价格的定价法。区分需求定价法,主要有 3 种形式:

a.以消费者为基础的区别定价。对不同消费者群,采用不同的价格。

b.以不同地区为基础的差别定价。同种商品在不同地区、不同国家,其售价不同。

c.以时间为基础的差别定价。同一商品在不同年份、不同季节、不同时期,甚至不同时点,可以采用不同的定价。

⑧竞争定价法:竞争定价法是指依据竞争者的价格来确定商品售价的定价方法。对照竞争者商品的质量、性能、价格、生产、服务条件等情况,如处于优势,产品价格可高于竞争者;如处于劣势,则产品价格应低于对方;如处于同等水平,则与竞争者同价。

(3)定价策略:定价策略是一种营销手段。家庭养猪场应采取灵活多变的定价策略,以实现营销目标。定价策略种类甚多,提法各异,现介绍常用定价策略。

①心理定价策略：

a. 整数定价策略。

b. 零头定价策略。零头定价，又称尾数定价，或非整数定价，是指零售商在制定价格时，以零头结尾。这种定价策略会使消费者产生一种经过精确计算后才确定最低价格的心理感觉，进而产生对家庭养猪场的信任感，能提高家庭养猪场的信誉，扩大其商品的销售量。

c. 声望定价策略。在消费者心目中，威望高的家庭养猪场商品，可以把价格定得高一些，这是消费者能够接受的。这种定价方法运用恰当，可提高产品及其家庭养猪场的形象。

d. 分级定价策略。分级定价策略是把商品按不同的档次、等级分别定价。此定价方法便于消费者根据不同情况，按需购买，各得其所，并产生信任感和安全感。

e. 习惯定价策略。因长期购买家庭养猪场产品，形成了习惯价格。习惯价格不宜轻易变动，否则容易引起顾客的反感。为此，家庭养猪场宁愿调整包装、增加商品数量，也不愿变动其商品价格，以适应消费者的心理。

②地区定价策略：根据买卖双方对商品流通费用的不同负担情况，采用不同的定价策略。

a. 产地定价，又称离岸价，是指在家庭养猪场商品产地的某种运输工具上交货所定得价格。交货后，货物所有权归买方，卖方只负责货物装上运输工具之前的有关费用，其他运输、保险等一切费用，一律由买方负责。它适用于运费较多、距离较远的商品交易。在家庭养猪场对外贸易中可以采用此法定价。

b. 统一交货定价，又称到岸价，是卖方不问买方路途远近一律实行统一送货，一切运输、保险等费用，均由卖方负担。统一交货定价有两种形式：一是按同货价加相同运费定价，即不分区域，顾客不论远近都是一个价。二是相同货款加不同运费定价，即按运程计收运费。

c.基本定价,即选择某些城市为基本点,按基点定出商品出厂价,再加上一定的从基点城市到顾客所在地的运费而定价的方法。卖方不负担保险费。

d.区分定价,即把某一地域分为若干个价格区,对卖给不同价格区的商品,分别制定不同的价格,在各个价格区实行不同价格。

e.运费补贴定价,即对距离较远的买主,卖方适当给买方以价格补贴,以此吸引顾客,加深市场渗透,增强家庭养猪场竞争力。

③折扣与折让策略:折扣是按原定价格中少收一定比例的货款。折让是在原定价格中少收一定比例数量的价款。两者的实质,都是运用减价策略。

a.现金折扣,即在允许买者延期付款情况下,而买主却提前交付现金,则卖者可按原价给予买者一定折扣,即减价优待。例如,某家庭养猪场商品交易延付期为30天。提前30天付清的货款,当场付5%折扣;若提前10天付款,给2%折扣;30天到期付清货款,不给折扣。

b.数量折扣,即根据销售数量的大小,给予不同的折扣。其目的是鼓励大批量定货购买。数量折扣,具体有两种作法:一种是累计折扣,是根据一定时期内购买总数计算的折扣,鼓励购买者多次进货,并成为长期顾主。另一种是非累计折扣。也叫一次性折扣,是根据一次购买数量计算所得折扣。购买量大的,则折扣比例大;反之,则折扣比例小。

c.职能折扣。某些家庭养猪场给予愿意为其执行储存、服务等营销职能的批发商或零售商的一种额外负担折扣。

d.季节折扣。家庭养猪场给购买淡、旺季商品或提前进货的买主给予的一种优惠价格,以便保持稳定销售量。

e.推广折扣。中间商为家庭养猪场进行广告宣传、举办展销等推广工作,家庭养猪场给一定的价格折扣。

f.运费折让。对较远顾客,用减让一定价格的办法来弥补其运费的折扣。

g.交易折扣。交易折扣,也叫同业折扣或进销差价,是指家庭养猪场按不同交易职能,给予中间商不同的折扣,其目的是鼓励中间商多进货。

④新产品定价策略:新产品定价,关系着新产品能否打开销路,占领市场,取得预期效果。新产品定价,通常运用三种策略。

a.市场撇取定价策略。撇取定价,又称取脂定价或高价定价。这种策略是把新产品上市初期的价格定得很高,尽可能在短期内获取最大利润。当销售遇到困难时,可迅速降价推销。同时,还可获得心理上的较好效果。

b.市场渗透定价策略。又称为低价格策略,这种策略正好与撇取定价相反,是把新产品上市初期的价格定得尽可能低些,以吸引消费者,使新产品迅速打开销路,占领市场,优先取得市场的主动权。一些资金雄厚的大型家庭养猪场,常采用这种策略,能收到明显的效果。

c.温和定价策略。温和定价策略,又称折中定价策略,是取高价和低价的平均数,消费者容易接受。

⑤产品组合定价策略:

a.产品大类定价。产品大类定价是指对相互关系的一组产品,按照每种产品的自身特色和相互关联性所实行定价策略。

b.任选品定价。家庭养猪场向购买者提供主要商品之外,还要提供与主要商品密切相联系的任选品。有两种策略:一是把任选品价格定得较高,彼此取得较高的盈利;二是把任选品价格定得较底,以此吸引顾客。

（三）怎样疏通家庭养猪场产品营销管道

在市场营销中，管道是实现商品从生产者向消费者转移，使商品价值得以实现，使消费者获得商品使用价值，保证家庭养猪场再生产顺利进行的重要环节。

1. 营销管道的类型

家庭养猪场产品营销管道（又称分销管道）是指猪场产品所有权和产品实体从生产领域转移到消费领域经过的路线（或通道）。营销管道是商品物流的组织和个人组成的。其起始点是生产者，最终点是消费者，中间有批发商、零售商、代理商等，即中间商。按商品销售中使用的同种类型中间商的多少，可分为宽分销管道和窄分销管道；按商品销售中经过的中间环节的多少，可分为长分销管道和短分销管道；按商品销售是否经过中间商，可分为直接分销管道和间接分销管道等。

（1）直接分销管道：是指商品从生产领域转移到消费领域时，不经过任何中间商转手的营销管道。直接分销管道一般要求采用产销合一的经营方式，由家庭养猪场将自己生产的商品直接出售给消费者和用户，只转移一次商品所有权，期间不使用任何中间商，这是一种最短的销售管道。其优点是：生产者与消费者直接见面，家庭养猪场生产的商品能更好地满足消费者的要求，实现生产者与消费者的结合。改进产品和服务，提高市场竞争能力。不经过任何中间环节，可以节约流通费用。其缺点是：家庭养猪场要承担繁重的销售任务，要投放一定的人力、物力和财力，如经营不善，会造成产销之间的顾此失彼，甚至两败俱伤。

（2）间接分销管道：是指商品从生产领域转移到消费领域时要经过中间商的分销管道。间接分销管道与直接分销管道相比，它有中间商参与;商品所有权至少要转移两次或两次以上;其管道最长,商品流转时间长。间接分销管道的优点是:运用众多的中间商,能促进商品的销售;家庭养猪场不从事产品经销,能集中人力、物力和财力组织好产品生产;中间商遍布各地,利用中间商有利于开拓市场。其缺点是:间接分销管道将生产者与消费者分开,不利于沟通生产与消费之间的联系;增加了中间环节的流通费用,造成产销脱节。

(3)短分销管道:是指家庭养猪场不使用或只使用一种类型中间商的分销管道。其优点是:中间环节少,商品流转时间短,能节约流通费用。

(4)长分销管道:是指家庭养猪场使用两种或两种以上不同类型中间商来销售商品的分销管道。它的优点是:能充分发挥各种类型中间商促进商品销售的职能,但长营销渠道存在着不可避免的缺点:生产与需求远离、很难实行产销结合。

2. 中间商

中间商是指参与商品交易业务处于生产者与消费者之间中介环节的具有法人资格的经济组织或个人。中间商有广义和狭义之分。狭义的中间商,是指经销商,即从事商品经销的批发商、零售商和代理商等,是指在商品买卖过程中拥有商品所有权的中间商。广义的中间商,包括经销商、经纪人、仓储、运输、银行和保险等机构。

(1)批发商:批发商是指从家庭养猪场购进商品,继而以较大批量转卖给零售商以及为生产者提供生产数据商品的商业企业。批发商在商品流转中,一般不直接服务于最终消费者,只实现商品在空间、时间上的转移,起着商品再销售的作用。批发商是连接家庭养猪场与零售企业的桥梁,是调节市场经济供求的"蓄电池",具有购买、销售、分配、储存、运输、融资、服务和指导消费等功能。

（2）零售商：零售商是将商品直接供应给最终消费者的经销商。零售商处于商品流转的终点，具有采购、销售、服务、存储等功能，使商品的价值得以最终实现，使再生产过程得以重新开始。

零售商按不同角度划分，可分为许多类型：按经营商品的范围划分，有综合（百货）商店（场）和专业（专卖）商店（场）。按经营规模的大小划分，有大型商场、中型商场和小型商店等。按售货方式不同，有自选超级市场、方便商店、流动商店、样品售货商店等。按付款计价的不同，有分期付款商店、折扣商店、自动付款商店和赊帐商店等。按商品交易地点不同，有连锁商店、集市贸易和仓库商店等。

（3）代理商：代理商是指不具有商品所有权，接受生产者委托，从事商品交易义务的中间商。

代理商的主要特点是不拥有产品所有权，但一般有店、铺、仓库、货场等设施，从事商品代购、代销、代储、代运等贸易业务，按成交额的大小收取一定比例的佣金作为报酬。代理商具有沟通供需双方信息、达成交易的功能。代理商擅长于市场调研，熟悉市场行情，能为代理家庭养猪场提供信息，促进交易。如贸易中心、贸易信托公司等代理商，能从事代购、代销、代运，代加工、代结算等业务。

（4）经纪人：经纪人（又称经纪商）是为买卖双方洽谈购销业务起媒介作用的中间商。经纪人无商品所有权，不经手现货，为买卖双方提供信息，起中介作用。

3. 营销管道策略

市场营销中可以供选择的管道不是单一的，可以在多种营销管道中进行优选。家庭养猪场为了使其商品以较短的时间、较快的速度、较省的费用实现从生产领域向消费领域的顺利转移，要围绕着管道长度、中间商类型、管道类型数量、管道成员协作、地区中间商选择、管道管理和管道调整的八方面制定一系列的策略。

(1)管道长度策略

①短管道策略:在下列情况下可采用:零售商地理位置优越,处于家庭养猪场与消费者的结合区,可直接从猪场购货;家庭养猪场拥有购买量大的用户,且签订长期稳定的购买合同;家庭养猪场具有代替批发商的促销能力、储运条件等。

②长管道策略:一般在如下情况下采用:家庭养猪场无力或无营销经验将产品推销给零售商或用户;市场上批发商多,且拥有雄厚资金,熟悉市场行情,有储运能力,形成了商品购销网络。

(2)管道宽度策略:又称中间商数量策略,一般有3种分销管道策略可供选择。

①广泛性分销管道策略:广泛性经销,又叫密集性经销。家庭养猪场可广泛地采用中间商来推销自己的产品。广泛性管道策略能扩大产品销量,提高产品及其家庭养猪场的知名度。但家庭养猪场难以控制分销管道。

②选择性分销管道策略:选择性经销,又叫特约经销。家庭养猪场在推销产品时,仅是有选择地使用一部分中间商。这种管道策略,能使家庭养猪场与一部分中间商结成良好的长期稳定的购销关系。

③专营性分销管道策略:专营,又称独家经营。家庭养猪场在一定市场范围内只选择一家中间商来经销自己的产品。这一策略只适用于价格较高、买者较少、技术较复杂的产品。家庭养猪场与独家经营商店一般均签有购销合同,并规定中间商不得在经销其它生产企业的商品。

(3)中间商类型策略:中间商有批发商、零售商、代理商、经纪人以及储运机构等。家庭养猪场在中间商类型的选择上,将围绕以下方面进行决策:是否选择中间商;选择何种中间商;选择多少类型的中间商等。

(4)管道类型数量策略：家庭养猪场为尽快推销产品，往往要同时采用几种分销管道类型。如某养猪场生产的猪肉，一般有4种类型的分销管道：

①在家庭养猪场自设销售门市部，满足上门顾客的购买需要。

②通过代理商销售。

③通过批发商销售。

④通过零售商销售。

(5)管道成员协作策略：管道成员之间的协作，包括生产者与中间商的协作，中间商与中间商之间的协作等。管道成员之间的协作，主要有两个方面的内容：一是支持的方式，包括资金信贷、承担运费、广告费用、利润分割等；一是支持的幅度，是供援助的数额水平。

在管道成员之间，实际上存在着"管道首领"。管道首领有可能是家庭养猪场，有可能是中间商，在成员之中起组织者和领导者的作用，并使成员之间形成互利互惠的关系，避免相互扯皮，利益不均。

(6)地区中间商策略：家庭养猪场的产品要向某一地区推销，一般要选择地区中间商。家庭养猪场选择地区中间商的决策依据是该地区的需求量和购买力、交通运输的方便性、中间商愿意接受的售价(酬价)和合作精神等。

(7)管道管理策略：管道矛盾是不可避免的，可分为横向矛盾和纵向矛盾。横向矛盾是指同一管道同一中间商种类之间的矛盾。如同一批发商下面有10个零售商，它们之间会相互竞争。纵向矛盾是同一管道内不同管道成员之间的矛盾，如生产者与批发商，批发商与零售商之间的矛盾。要解决管道矛盾，就得加强管道管理。

(8)管道调整策略：家庭养猪场要根据不断变化的市场供求情况、市场环境和养猪场自身的条件，对分销管道做出及时调整。调整管道有 3 个途径：

①调整管道的某些管道成员，或增多，或减少，或调换。

②调整管道数量，或增加，或减少。

③调整管道类型，或采用直接分销管道，或采用间接分销管道等。

管道选择策略，要根据具体情况，灵活掌握，综合运用。

4. 物流策略

商品在流通领域中所发生的空间位置上的运动，称为物流。物流又称实体分配。它包括商品的整理、分级、加工、包装、搬运装卸、运输、存储、保管等工作。其中运输和存储是物流的主要内容。

物流有三项目标：及时保质保量地将商品传达到目的地；为购销双方提供最佳的服务；物流所追加的劳动应最节省，既支付的实体分配成本最低。

(1)家庭养猪场商品运输：商品运输是由于商品产地与销售地不一致，商品季节性生产与常年性消费的不一致，商品集中生产与分散消费的不一致等而产生的活动。

①家庭养猪场商品运输的要求：家庭养猪场商品运输要做到流向合理，以最短的里程、最快的速度、最省的费用，把商品安全完好地送达目的地。商品运输的要求是：及时、准确、安全、经济。

②商品运输策略：商品运输策略，主要包括运输方式选择策略、运输工具选择策略和运输路线选择策略等。

a.运输方式的选择：商品运输方式，按空间位置，分为陆运（包括铁路运输和公路运输）、水运和空运等；按装卸容器，分为仓箱式运输、传送带运输等；按运输借助的动力，分为人力运输、蓄力运输、水力运输、机械动力运输等。

选择何种运输方式，要根据运输商品的数量、商品的性质、商品的安全要求、交通条件、运达紧迫性、取得运输工具的便利程度，运输距离和运输费用等因素,综合考察后选择运输方式与策略。

　　b.运输工具的选择:运输工具主要有火车、船只、汽车、木帆船、畜力车、人力车和人力担挑等。选择运输工具,要综合交通条件、运程与运费、市场对商品需求的急援程度等。

　　c.运输路线的选择:运输路线一般有直达运输、直线运输、直达直线运输、单程运输、双程运输、联运、对流运输、倒流运输和迂回运输等。在一般情况下,应采用合理的运输路线,避免不合理的运输路线。

　　(2)家庭养猪场产品存储:是指家庭养猪场产品离开生产领域尚未进入消费领域而在流通领域中的暂时停滞。

　　①商品仓库分类:商品存储要设置仓库。商品仓库一般作如下分类:按仓库在商品流通中所负担的职能划分,可分为采购、批发、零售、中转、加工和存储等仓库;按仓库的保管条件和要求划分,可分为通用仓库、专用仓库和特种仓库等;按仓库建筑结构和形状划分,可分为单层仓库和多层仓库;地上仓库与地下仓库;永久建筑仓库与临时蓬布堆场等。

　　设置仓库,首先要考虑储存目的,如采购仓库要设置在商品产地,以利大量采购。又如外贸仓库,则应设置在商品进出口口岸。仓库选址应交通便利、环境安全、便于保管。

　　②商品仓库的设置:如果商品需要常年性、经常性和大数量储存,一般应采用自建策略。如果是偶然性、短期性和小数量的商品储存,则一般不自建仓库,宜采用租用仓库的策略。

(四)怎样做好家庭养猪场产品促销工作

　　促销,即促进产品销售,是市场营销组合的重要组成部分之一,通过促销活动,激发顾客购买欲望,达到推销商品、树立家庭养猪场形象的目的。

1. 促销的作用

（1）沟通信息、传递情报。生产与销售之间、销售与消费之间、生产与消费之间、流通领域各环节之间，由于种种原因，存在着一定的矛盾，彼此之间迫切需要沟通信息。生产者需要推销产品，使产品适销对路，扩大销售量，必须向市场和消费者传递信息，采用促销手段，将产品推销出去，实现产品价值。

（2）刺激欲望，唤起需要。在市场竞争激烈的情况下，家庭养猪场之间、产品之间的差异甚微，消费者难以区别。家庭养猪场如能通过促销活动，突出宣传猪场特色、产品特点，使消费者对家庭养猪场及其产品产生好感，唤起需求，把潜在购买力变为现实的购买行为，实现营销目标。

2. 促销组合

促进产品销售有两种方法：一是人员推销；二是非人员推销。非人员推销包括广告、营业推广、公共关系和网络营销。

家庭养猪场根据促销目标、资源状况，把人员推销、广告宣传、营业推广、公共关系和网络营销等促销手段，有机搭配，综合运用，形成一个整体策略组合，称促销组合。

3. 人员推销

人员推销是通过推销人员直接与消费者口头交谈，互通信息，推销产品，扩大销售的一种促销手段，它是促销中应用普遍、最直接的一种策略，也是最主要、最有效的促销手段。

（1）人员促销的方式

①建立销售人员队伍。家庭养猪场派推销人员，直接向消费者推销产品。推销人员包括推销员、营业员、销售员、销售代表和业务经理等。

②使用合同推销人员。用签订合同方式,雇请推销人员,如加工商代理人、销售代理人、销售代理商等。家庭养猪场按代销商品数额给其支付佣金。

(2)人员推销的特点:直接推销,机动灵活;互通信息,及时准确;培养感情,增进友谊;推销费用高,传播面窄。

(3)推销人员的素质:经营思想正确;机敏干炼;形象良好;有进取精神;忠于职守;精通业务(市场知识,顾客知识,产品和技术知识,家庭养猪场知识,推销技巧,业务程序和职责)。

(4)人员推销策略:推销人员在推销中,一般应用如下策略:

①"刺激—反应"策略:推销人员在事先不了解顾客的需求情况下,准备几套讲话内容,依次讲某一内容,观察顾客的反应,并根据顾客的反应,调整讲话的内容,引起顾客的共鸣。

②"配方"策略:推销人员在事先基本知道顾客需求情况下,准备好"解说"内容,逐步讲到顾客之所需,引起顾客兴趣,顺势展开攻势,促成交易。

③"需求—满足"策略:推销员有较高的推销技能,使顾客感到推销员已成了他的好参谋,并请求帮助,以达到推销商的目的。

4. 广告

广告是借助于某种媒体,运用一定的形式向顾客传递商品和劳务信息的一种非人员促销手段。

(1)广告媒体及其选择:一个广告,包含广告实体和广告媒体两个相联系的部分。广告实体是各种情报、数据、信息等总称。广告必须依附广告媒体才能传播。广告媒体,是指传播信息、情报等广告实体的载体。常用的广告媒体有广播、电视、报纸和杂志等。

要使广告能起促销作用,必须注意广告媒体的选择。为了收到广告宣传的预期促销效果,选择广告媒体的要求如下:

①要根据宣传的商品或劳务的种类和特点来选择广告媒体。

②要根据目标市场的特点来选择广告媒体。

③要根据广告的目的和内容来选择广告媒体。

④要根据广告媒体本身特性来选择广告媒体。

⑤要根据广告预算费用来选择广告媒体。

(2)广告策略:广告是市场营销的促销手段之一。广告策略应该与家庭养猪场的总体营销目标相适应。常用的广告策略如下:

①报导性广告:广告以报导的方式向顾客提供商品质量、用途、效能、价格等基本情况,为顾客认识商品提供信息,以诱导消费者的初级需求欲望,适用于新产品、优良产品的广告宣传等。

②竞争性广告:其宣传的重点是介绍和论证商品能给消费者带来的各种效益和各方面的好处。其广告形式是运用比较方式,加深消费者对商品的印象,适用于商品经济寿命增长期和成熟期阶段的商品的广告宣传。

③声誉性广告:重点是宣传和树立家庭养猪场和产品的良好形象,增加消费者购买的信任感,适用于有一定影响和声誉的商品的广告宣传。

④备忘性广告:宣传的重点应放在商品商标和信誉上,帮助消费者识别和选择商标,主要适用于成熟期的中后期商品的广告宣传。

⑤季节性广告:因季节性变动而采取的广告,其重点是推销季节性商品。

⑥均衡性广告:展开全面的、长期的广告宣传,提高声誉,扩大市场占有率,适用于资金雄厚、效益好的大型家庭养猪场的广告宣传。

⑦节假日广告:在周末和节假日前进行广告宣传,以招来顾客,此策略适用于零售商业家庭养猪场的广告宣传。

家庭养猪场应根据自身的力量和广告目的,运用不同的广告策略。通常情况下,小型家庭养猪场,不宜做大广告;地方性产品,不宜用全国性广告,而应采用地区重点策略、时间重点策略和商品重点策略等。

5. 营销推广

又叫销售促进,也称特种推销,是指家庭养猪场用来刺激早期消费者需求所采用的促进购买行为的各种促销措施,如举办展览会、展销会、服务、咨询服务、赠送纪念品等。

6. 公共关系

公共关系是指家庭养猪场与公众沟通信息,建立了解信任关系,提高家庭养猪场知名度和声誉,创造良好的市场营销环境的一种促销活动。

7. 网络营销策略

网络营销策略是以互联网络为媒体,以新的方式、方法和理念实施的活动,它能更有效地促进个人和组织交易活动的实现。近年来,随着互联网络的迅猛发展,家庭养猪场也应上网,实行网上营销。

网络营销人员应从家庭养猪场经营战略高度出发,站在家庭养猪场的角度看问题,通过对行业竞争状况、家庭养猪场内部资源和产品、服务特点等相关因素进行综合研究的基础之上,为家庭养猪场制定总体网络营销策略,让网络营销活动达到事半功倍的效果。网络营销总体策略包括网络品牌、网站推广、信息发布、顾客关系、顾客服务、网上销售及网上市场调研等诸多方面,全面有效地指导家庭养猪场实施网络营销活动,以达到总体效益最大化。

五、怎样选择好养猪品种

在养猪生产中,要获得较好的经济效益,选择优良品种是一个关键环节。选择猪的品种必须因地制宜、因场制宜,以便更好地发挥猪的遗传潜力。

(一)选择养猪品种的时候应依据哪些原则

在选择养猪品种时,应遵循以下原则。

1. 根据生产性能选择

优先选择各项生产性能突出,尤其是成活率高、生长发育整齐、生长速度快,出栏早、饲料转化率高的品种。

2. 根据适应能力选择

选养生活力强、能适应当地自然气候条件的品种。这样的品种在良好的饲养管理条件下能充分发挥遗传潜力,在较差的环境中表现出较强的抗逆性和较好的适应性,并且猪群中潜伏的疾病种类较少。

3. 根据消费特点选择

优先选择毛色、肉质受市场和消费者欢迎的品种。

4. 根据发展需要选择

随着时代发展,市场对瘦肉需求量愈来愈大,应优先选择瘦肉型品种。

5. 根据经济效益选择

经济效益的高低是养猪的关键指标。在选择饲养品种时,要根据自身条件、市场环境,作出生产目标预测,优先选择经济效益高的饲养品种。

(二)养猪生产中的常见品种有哪些

1. 主要地方品种

(1)东北民猪:原产于东北和华北部分地区,分大民猪、二民猪、荷包猪 3 种类型。其被毛全黑,头中等大,面直长,耳大下垂,单脊,腹围大,四肢粗壮,后躯斜窄。冬季密生绒毛,猪鬃良好,乳头 7～8 对。性成熟早,4 月龄左右出现初情期,发情征候明显,配种受胎率高,有较强的护仔性。在农村,公、母猪体重 50～60 千克开始配种,平均头胎产仔 11 头左右,三胎以上产仔 12～14 头。耐粗饲,但饲料利用率低。肌肉不丰满,皮过厚,因而影响了肉用价值。

东北地区广泛利用东北民猪进行经济杂交,以民猪为母本分别与大约克夏、长白、苏白、巴克夏猪等进行杂交,杂交效果较好。建国以来东北三省利用民猪为基础,分别与约克夏猪、苏白猪、克米洛夫猪和长白猪杂交,培育成哈白猪、新金猪、东北花猪和三江白猪,这些新品种大都保留了民猪抗寒性强、繁殖力高和肉质好的特点。

（2）金华猪：主要产于浙江省金华地区的东阳、义乌两县。其体驱中部和四肢为白色，头颈和臀尾为黑色，俗称"两头乌"。体型较小，耳中等大、下垂，额面有皱纹，背略凹，腹稍下垂，臀较倾斜，乳头8对左右，头型有"寿字头"和"老鼠头"两类。

成年公猪体重140千克左右，母猪体重110千克左右。

金华猪的优点是产仔多，农村养猪一般在5月龄（体重25～30千克）开始配种，初产母猪平均产仔10～11头，三胎以上可产13～14头，母性好，早熟易肥。屠宰率高，皮薄骨细，肉质细嫩，脂肪分布均匀，适于腌制火腿和咸肉。但体型不大，仔猪初生重小，生长慢，后腿不够丰满。

（3）太湖猪：主要分布于长江下游江苏、浙江和上海交界的太湖流域，有二花脸、枫泾、梅山、嘉兴黑猪等多个地方类群。其体型稍大，头大额宽，额部和后躯有明显皱褶，耳特大、软而下垂，近似三角形，背腰微凹，胸较深，腹大下垂，臀宽倾斜，四肢稍高，卧系散蹄，被毛稀疏，毛色全黑或青灰色，也有四蹄或尾尖为白色的。母猪乳头8～9对，产仔数12～15头，高者达20头以上。成年公、母猪体重分别为140千克和115千克。

太湖猪的优点是产仔多，性情温驯，母性强，早熟易肥，但后驱发育差，后臀不丰满，四肢较软，增重较慢。

20世纪70年代以来，以太湖猪为母本，以约克夏猪、苏白猪、长白猪为父本的杂交组合在生产中广泛应用，三元杂交以杜×（长×太）杂交组合最受欢迎，瘦肉率可达53%以上。

（4）内江猪：原产于四川省内江地区，其体型大、被毛全黑，鬃毛粗长，头大短宽，鼻孔极短，额部有深皱纹，耳大下垂，背宽微凹，腹围较大，乳头6～7对。农村饲养的母猪一般6月龄开始配种，初产母猪平均产仔9头左右，三胎以上产仔10～12头。成年公、母猪体重分别为160千克和145千克左右。

内江猪的优点是生长发育快、性情温驯，仔猪哺育率高，耐粗饲,适应性强,肥育性能好,但皮厚,影响其猪肉品质。

以内江猪作父本,无论与我国北方的民猪、八眉猪,西南高原地区的乌金猪、藏猪等地方品种,或与北京黑猪等培育品种进行二元杂交,其一代杂种猪的日增重和饲料报酬均有一定优势。在产区利用内江猪作母本,与长白猪、苏白猪、巴克夏猪等品种进行杂交,一代杂种猪的日增重和饲料利用率的优势均较明显,其中以长白猪与内江猪的配合力较好。

(5)荣昌猪:原产于四川省的荣昌和隆昌两县。其体型较大,除两眼四周或头部有大小不等的黑斑外,其余均为白色。头大小适中,面微凹,耳中等大、下垂,额面皱横行、有漩毛,体躯较长,背腰微凹,腹大而深,臀部稍倾斜,四肢细致、结实,鬃毛洁白、刚韧,乳头6～7对。农村饲养的母猪一般6～7月龄开始配种,初产母猪平均产仔6～7头,三胎以上产仔10～11头。成年公、母猪体重分别为100千克和90千克左右。

用中约克夏猪、巴克夏猪、长白猪作父本与荣昌猪杂交,一代杂种猪均有一定杂种优势,其中以长白猪×荣昌猪的配合力较好。用汉普夏、杜洛克与荣昌猪进行杂交,一代杂种猪瘦肉率可达54%。

(6)合作猪:产于甘肃和青海一代,属于高原小型放牧猪种。其体型似椭圆形,毛色较杂,一般四肢、腹部、背腰多为白色,少数初生仔猪具有棕黄色条纹,但随年龄增长而消失,头狭小,呈锥形,额面无明显皱纹,耳小直立,体躯短窄,背腰平直或稍拱起,腹小微垂,蹄小坚实,体质强健,乳头一般5对左右,经产母猪产仔4～7头。成年公、母猪体重分别为29千克和33千克左右。

合作猪的优点是采食能力强,对高寒气候及粗放管理的生活条件适应性强。皮薄,后腿发达,肉质好(多用于做腊肉)。猪鬃粗长,量多质优。但体型小,生长速度慢,肥育期长,繁殖力低。

(7)陆川猪:原产于广西壮族自治区陆川等县。其身躯矮短,额有横纹且多有白斑,面略凹或平直,耳小向外平伸,背腰宽而凹陷,腹大拖地,臀短倾斜,尾粗大,四肢粗短,多卧系,后腿有皱褶,被毛短细、稀疏,除头、耳、背、臀和尾为黑色外,其余为白色,乳头6～7对,产仔10头左右。成年公、母猪体重分别为100千克和75千克左右。

陆川猪的优点是早熟易肥,生长发育快,繁殖力、泌乳力强,耐粗饲,适应性好。但体型较小,大腿欠丰满。

(8)八眉猪:原产于甘肃平凉和庆阳等地,分大八眉猪和二八眉猪两种。其体型中等,头较狭长,耳大下垂,额面有纵行"八"字皱纹,腹稍大,四肢结实,乳头为6对左右,产仔10～12头。

八眉猪的优点是性情温驯,耐粗饲,抗病力强,鬃毛良好,但腹大下垂,生长发育慢,屠宰率低。

(9)宁乡猪:产于湖南省宁乡等县,其毛稀而短,为黑白花,体躯上部多为黑色,下部为白色。头大小中等,额面有形状和深浅不一的横行皱纹,耳较小、下垂,颈短宽,多有垂肉,背腰宽,背线多凹陷,腹大下垂,臀宽微倾斜,四肢粗短,乳头6～7对,产仔10头左右。成年公、母猪体重分别为150千克和125千克左右。

宁乡猪的优点是耐粗饲,早熟易肥,脂肪蓄积能力强,皮薄、骨细、肉嫩。但腹大拖地,耐寒性差。

在农村,以宁乡猪作母本、中约克夏猪作父本进行二元杂交,普遍受到群众欢迎。

(10)香猪:主要产于贵州省的从江县和广西自治区的怀江县,是典型的地方品种。其体躯矮小,毛色多全黑。头较直,额部皱纹浅而少,耳小而薄,略向两侧平伸或稍下垂,身躯短,背腰宽,微凹,腹大丰圆、下垂,后躯较丰满。四肢短细,后肢多卧系,乳头5～6对,母猪初情期4月龄,初产母猪产仔4～6头,3胎以上产仔6～8头。

2. 主要培育品种

（1）哈白猪：原产于黑龙江省哈尔滨一带，由约克夏猪、苏白猪等与当地民猪杂交育成，属肉脂兼用型品种。其被毛全白，头中等大小，耳直立、前倾、面微凹，胸宽而深，背腰平直，腿臀丰满，四肢健壮，体质结实。母猪乳头 6～7 对，一般在 8 月龄体重 90～100千克时配种，产仔 10～12 头。公猪在 10 月龄体重 120 千克左右时配种。成年公、母猪体重分别为 220 千克和 175 千克左右，屠宰率为 72.6%。

哈白猪性情温驯，繁殖力高，适应性强，抗寒耐粗，生长快，耗料少。

（2）新金猪：产于辽宁省普兰店（原新金县）等市县，由巴克夏公猪与本地民猪杂交育成。属肉脂兼用型品种，全身大部分黑色，其余部分表现为"六白"或不完全"六白"。体躯结构匀称，头中等大小，颜面稍弯曲，两耳直立稍前倾，背腰平直，臀略斜，四肢健壮，蹄质结实。母猪乳头 6 对以上，5～6 月龄达性成熟，一般在 9～10月龄体重 100 千克左右初配，产仔 11 头左右。公猪性成熟期为5～6 月龄，一般在 9～10 月龄开始利用。成年公、母猪体重分别为 200 千克和 160 千克左右，屠宰率为 74%。

新金猪性情温驯，易于管理，早熟易肥，饲料利用率高，胴体品质好。

（3）新淮猪：产于江苏省，由约克夏与当地淮猪杂交育成。其被毛纯黑，但体躯末端有少量白斑，头稍长，嘴角平直或微凹，耳中等大、向前下方倾垂，背腰平直，腹稍大但不下垂，臀略斜，四肢强壮。母猪乳头 7 对以上，90～100 日龄达初情期，产仔 11 头左右。成年公、母猪体重分别为 200 千克和 150 千克左右，屠宰率为68%。

新淮猪耐粗饲，适应性强，产仔多，但经济成熟性较差。

　　(4)三江白猪:产于东北三江平原,由长白猪与民猪杂交育成,属瘦肉型品种。其被毛全白,头轻嘴直,耳下垂,背腰宽平,腿臀丰满,四肢健壮,蹄质结实。母猪初情期约在 4 月龄,初产母猪产仔10 头左右,经产母猪产仔 12 头左右。成年公、母猪体重分别为250～300 千克和 200～250 千克。

　　三江白猪生长发育快,饲料转化率高,抗寒能力强,胴体瘦肉率高、品质好。

　　(5)上海白猪:原产于上海市的上海和宝山两县,由约克夏、苏白猪与当地猪杂交育成。其被毛白色,中等体型,头面平直或微凹,耳中等大小、略向前倾,背腰宽,腹稍大,四肢健壮,腿臀丰满,体质结实。母猪乳头 7 对左右,多于 8～9 月龄体重 90 千克开始初配,产仔数 11～13 头。成猪多在 8～9 月龄体重 100 千克开始配种。成年公、母猪体重分别为 250 千克和 180 千克左右,屠宰率为 70%。

　　上海白猪生长发育快,繁殖力强,饲料转化率高。

　　(6)北京黑猪:由巴克夏猪、约克夏猪、苏白猪与当地黑猪杂交育成。其全身被毛黑色,中等体型,头大小适中,两耳向前上方直立或平伸,面微凹,额较宽,背腰宽平,四肢健壮,腿臀丰满,体质结实,结构匀称。乳头 7 对以上,初产母猪产仔 10 头左右,经产母猪平均产仔 11～12 头。成年公、母猪体重分别为 250 千克和 180 千克左右,屠宰率为 70%～72%。

　　(7)湖北白猪:原产于湖北武昌地区,是通过大约克夏×长白×本地猪杂交和群体继代建系方法,闭锁繁育而育成的,是我国新培育的瘦肉型品种之一。其全身被毛白色,个别猪眼角、尾根有少许暗斑,头较轻、大小适中,鼻直稍长,耳向前倾或下垂,背腰平直,中躯较长,后腿较丰满,肢蹄较结实。母猪乳头 6 对以上,初情期为 4 月龄左右,发情持续期为 6 天左右。初产母猪产仔数平均为 10.5 头,经产母猪产仔数平均为 12.5 头。成年公、母猪体重分别为 250～300 千克和 200～250 千克,屠宰率为 72%～73%。

湖北白猪繁殖力强,瘦肉率高,肉质好,生长发育快,能耐受高温、湿冷气候条件,是开展杂交利用的优秀母本品种。

3. 主要引进品种

(1)长白猪:原产于丹麦,是世界上最著名的瘦肉型品种。其全身被毛白色,头小,鼻嘴狭长,耳前伸或下垂,身腰长,背平直而稍呈弓形,后躯发达,腿臀丰满,整个体型呈前窄后宽的楔子形。乳头 7～8 对,产仔数 11 头左右。成年公、母猪体重分别为 210～250 千克和 180～200 千克,屠宰率为 71%～73%,胴体瘦肉率 58% 以上。

长白猪生长发育快,饲料利用率高,瘦肉率高,杂交效果好,但不耐寒,适应性较差。引入我国后经多年驯化饲养,适应性有所提高,分布范围日益扩大。随着内销和外贸对瘦肉型猪生产的迫切要求,在开展猪的二元或多元杂交利用提高瘦肉率方面,已成为重要的父、母本品种。

(2)大约克夏猪:原产于英国,是世界上著名的瘦肉型品种。其被毛白色,头颈较长,颜面微凹,耳大,稍向前直立,身腰长,背平直而稍呈弓形,四肢高而强健,肌肉发达,乳头 6～7 对,产仔 11 头左右。成年公、母猪体重分别为 250～300 千克和 230～250 千克,屠宰率为 71%～73%。

大约克夏猪具有生长发育快、饲料利用率高、胴体瘦肉多(瘦肉率达 61%)、产仔多、配合力好等优点,用大约克夏猪作父本与本地母猪进行二元杂交,杂种优势明显。

(3)杜洛克猪:原产于美国,属瘦肉型品种。其体形高大,被毛红棕色,个体间有浓淡之分,头小,颜面微凹,耳中等大小,略向前倾,体驱宽深,背略呈弓形,四肢粗壮,腿臀部肌肉发达丰满。经产母猪产仔 11 头左右,成年公、母猪体重分别为 350 千克和 240 千克左右,屠宰率 71%～73%,胴体瘦肉率达 60%～65%。

　　杜洛克猪生活力强,容易饲养,生长肥育快,饲料报酬高,产肉性能好。该品种猪在我国饲养繁殖状况良好,在商品猪生产中,利用该品种猪进行二元或三元杂交,对提高肥育猪胴体瘦肉率有明显效果。

　　(4)汉普夏猪:原产于美国,属瘦肉型品种。头和中、后躯被毛黑色,肩部、前肢围绕着一条白带,头大小适中,耳直立,嘴直长,体躯略长于杜洛克猪,背宽大略呈弓形,体质强健,结构紧凑。经产母猪产仔 10 头左右。成年公、母猪体重分别为 315～410 千克和250～340 千克,屠宰率 70%～75%,胴体瘦肉率达 60%以上。

　　汉普夏猪生长发育快,抗逆性强,饲料报酬高,胴体品质好,但产仔数较少。在我国养猪生产中,一般利用汉普夏猪作二元杂交或多元杂交的父本。

　　(5)巴克夏猪:原产于英国,于清代末年就开始输入我国。我国早期引进的巴克夏猪,体躯丰满而短,是典型的脂肪型品种。20世纪 70 年代以后进口的巴克夏猪体型已有所改变,趋于兼用型。该品种猪于本世纪中期,在我国养猪生产中杂交利用较广泛,对促进我国猪种改良曾起到一定作用。

　　巴克夏猪全身被毛大部分黑色而带有"六白"特征,即鼻端、四肢下部和尾稍为白色。头短而凹,嘴略向上翘,耳小前倾,背腰平直,肋骨开张,四肢粗壮,体质强健,性情温驯。成年公、母体重分别为 220～320 千克和 200～225 千克,产仔 7～8 头,屠宰率为80%左右。

　　(6)苏白猪:原产于原苏联,属肉脂兼用型品种。该品种猪在我国猪的杂交利用上,一度产生过较大的影响,以其为父本与各地地方品种的母猪杂交,可获得明显的杂交优势。在杂交育成新品种方面,苏白猪是利用面较广、贡献较大的品种。

　　苏白猪全身被毛白色,头较大,嘴中等长,颜面微凹,体躯宽深,臀宽平,大腿丰满,四肢健壮,体质结实,适应性较强。成年公、母猪体分别为 300～350 千克和 220～250 千克。产仔 11～12 头,屠宰率为 73.6%。

(7)皮特兰猪:原产于比利时,是由法国的贝叶杂交猪与英国的巴克夏猪进行回交,然后再与英国大白猪杂交育成的,是目前在欧洲流行的瘦肉型品种。

皮特兰猪被毛呈灰白色并带有不规则的深黑色斑点,偶尔出现少量棕色毛。头部清秀,颜面平直,嘴大且直,耳中等大小、略向前倾。体躯宽深而较短,肌肉特别发达,四肢短、骨骼细,平均窝产仔猪 10 头左右。与其他品种猪杂交,能显著提高杂交后代的瘦肉率。据报道,90 千克体重生长肥育猪胴体瘦肉率 66.9%,日增重700 克,饲料利用率 2.65。

该猪具有肌肉发达、胴体瘦肉率高、背膘薄的特点,但繁殖力不高,后期较慢(商品肉猪 90 千克以后生长速度显著降低),且应激反应严重,肌肉纤维较粗,肉质较差。

4. 优良杂交组合

(1)杜金猪、杜湖猪、杜浙猪、杜三猪、杜上猪:上述五个杂交组合分别以我国培育猪品种或品系新金猪、湖北白猪、浙江中白猪Ⅰ系、三江白猪、上海白猪为母本,与杜洛克公猪杂交生产商品猪。这些组合中我国地方猪种血缘比例在 25% 以下,分别由沈阳农业大学、华中农业大学与湖北省农科院、浙江省农科院、黑龙江省和兴隆农场管理局、上海市农科院所筛选的杂化组合。其日增重600～700 克,饲料利用率 3.2 左右,胴体瘦肉率 58%～62%。

(2)长大本(或大长本):该杂交组合以地方良种作母本与大约克夏猪或长白猪杂交生产二元杂交母猪,再与长白公猪或大约克夏公猪选配生产商品肉猪。该杂交组合的一个优点是毛色全白且不会出现毛色分离现象。商品猪日增重达 600～650 克,饲料利用率 3.5 左右,体重达 90 千克,日龄为 180 天,瘦肉率 50%～55%。该组合为养猪专业户普遍采用的杂交组合类型。

(3)杜长太(或杜大太):即以太湖猪为母本,与长白猪或大约克夏猪杂交生产 F_1 代,并从中选留杂种母猪与杜洛克公猪进行三元杂交生产商品肉猪。该组合的突出优点是能够充分利用杂交母猪(含 50%太湖猪血统)高繁殖性能的优势,平均窝产仔数达 13 头以上,肥育期日增重为 550～600 克,达 90 千克体重日龄 180～200 天,胴体瘦肉率 58%左右。该杂交组合是目前江苏、浙江、安徽、上海等地重要的杂交组合类型。

(4)杜长大(或杜大长):该杂交组合首先以长白猪与大约克夏猪的杂交一代作母本,再与杜洛克公猪交配生产三元商品猪,是我国生产出口活猪的主要组合类型,也是大中城市菜篮子工程基地和大型猪场所常用的组合。该杂交组合不含我国地方猪种的血缘,充分利用了三个外来猪品种的优点,生长性能和屠宰性能(包括屠宰率和瘦肉率)特别优秀,商品猪日增重高达 700～800 克,饲料利用率 3.1 以下,胴体瘦肉率 63%以上。该杂交组合需要较高的饲养管理水平与之配套,母猪的产仔数不高,且发情鉴定与配种受孕较为困难。在广大农村和管理水平不高的猪场难以推广。

(5)杜长上、杜长大太:在商品猪生产中,“二洋一土”的三元杂交模式中,由于我国地方猪种血缘高达 25%,因而影响了商品猪的生长速度和胴体瘦肉率,而三个外来猪种杂交的所谓“三洋”模式其母猪繁殖性能不佳,因而出现了兼顾母猪繁殖性能和商品猪生长、屠宰性能的中间模式。杜长上、杜长大太杂交组合以长上[(长白猪×(大约克×上海白猪)]或长大太[(长白猪×(大约克×太湖猪)]为母本与杜洛克杂交生产商品肉猪,商品猪地方猪种血缘比例降为 12.5%左右。这种杂交组合类型日增重达 700 克以上,90 千克体重日龄 170 天左右,胴体瘦肉率 60%以上,饲料利用率 3.1 左右,母猪平均产仔数达 12 头以上。

六、怎样为生产猪群配合饲粮

(一)养猪常用饲料有哪些

1. 能量饲料

饲料中的有机物都含有能量,而这里所谓能量饲料是指那些富含碳水化合物和脂肪的饲料,在干物质中粗纤维含量在 18% 以下,粗蛋白质含量在 20% 以下,包括谷实类、块根与块茎类、糠麸类、糟渣类及油脂类等。这类饲料的消化率高,含能量丰富,但蛋白质含量少,特别是缺乏赖氨酸和蛋氨酸。因此这类饲料必须与蛋白质饲料等配合饲用。

(1)玉米:含能量高、粗纤维少,适口性好,黄玉米中还含有较多的胡萝卜素(玉米黄素),而且价值便宜,素称饲料之王。但粗蛋白质含量低,品质差,还含有较多的脂肪,如大量用作肥育猪饲料,会使脂肪变软,影响肉的品质。因此,在肉猪的饲粮中玉米的含量最好不要超过 60%。

(2)大麦:是猪很好的能量饲料,消化能含量略低于玉米,粗纤维含量比玉米略高,但蛋白质含量较高,而且脂肪含量低,质地好,是喂肥育猪的良好饲料,特别是瘦肉型猪的饲养,可提高猪肉品质。但大麦皮厚且硬,含粗纤维较多,故在饲粮中最好不要超过 30%,幼龄仔猪不宜超过 10%。

(3)高粱:营养价值略低于玉米、大麦,籽实中含有单宁,适口性差,易发生便秘,不宜用作妊娠母猪饲料。高粱糖化后喂猪可提高适口性和利用率。在高粱产区,可在猪饲粮中代替 1/3～1/2 的玉米。

(4)稻谷:我国南方水稻产区常用作猪饲料。带壳粉碎的稻谷粗纤维含量较高,影响了饲用价值。如果加工成砻糠和糙米,糙米营养价值与玉米相当,且脂肪品质良好。

(5)麸皮:是麦子加工的副产品,常用的有小麦麸和大麦麸,营养价值与加工精度有关,一般粗蛋白质含量 14% 左右,适口性好。麸皮具有轻泻作用,用于妊娠母猪饲料,可防止便秘。

(6)米糠:是南方水稻产区重要的精料之一,米的加工精度愈高,米糠营养价值愈高。新鲜米糠适口性好,粗蛋白质含量在12% 左右,脂肪含量高,不耐贮存,在猪饲料中不宜超过 25%。

(7)高粱糠:粗蛋白质含量 10% 左右,粗纤维含量高(7%～24%),并含有多量单宁,适口性差,吃多了容易便秘,饲用价值大体为玉米的一半。在种猪饲粮中可占 25%～50%,但必须补充蛋白质饲料和青饲料。在仔猪饲粮中加入 5%,肉猪饲粮加入 10% 高粱糠,能防止或减轻下痢。

(8)甘薯(山芋):是我国广泛栽培产量最高的薯类作物,尤其适合喂猪,生喂熟喂消化率均较高,饲用价值接近于玉米。

(9)马铃薯(土豆):含有相当高的淀粉,干物质中含能量超过玉米。马铃薯中含有茄素,特别是发芽的含量很高,能使猪中毒,一定要去芽饲喂。马铃薯煮熟饲喂,可大大提高消化率。

(10)糟渣类:主要有酒糟、醋糟、酱油糟、豆腐渣、粉渣等,营养价值的高低与原料有关。原料经加工后,能量中等,但干物质中蛋白质含量丰富。由于这类饲料中都含有某种影响猪生长发育的物质,在饲料中应控制饲喂量。如酒糟中含有较多的酒精,喂量过多使猪醉酒,甚至造成酒清中毒;醋糟中含有醋,酱油糟中食盐含量达 7%,豆渣、粉渣中含有大豆等不良因子,使用时都要加以注意。饲用量一般只能占饲料干物质的 10%～20%。

2. 蛋白质饲料

蛋白质饲料是指饲料中粗蛋白质含量在 20% 以上的一类饲料。该类饲料的特点是粗蛋白质含量丰富,当与其他饲料配合使用时,能用多余部分的蛋白质去弥补其他饲料中蛋白质的不足,提高饲料利用率。猪常用的蛋白质饲料主要有两大类,即植物性蛋白质饲料和动物性蛋白质饲料。

(1)植物性蛋白质饲料:植物性蛋白质饲料是提供猪蛋白质营养最多的饲料,主要有豆料籽实和饼粕类。

①大豆:是营养价值很高的蛋白质饲料,粗蛋白质含量可达 37%,由于含有较多的脂肪,故消化能含量高,但以大豆喂肥育猪常会影响猪体脂肪品质,软脂含量高。另外,大豆中含有抗胰蛋白酶等不良因子,影响胰蛋白酶消化饲料蛋白质的能力,一定要将其煮熟或炒熟后饲喂。

②蚕豆、豌豆:蚕豆含粗蛋白质 24.9%,豌豆含粗蛋白质 22.6%,它们的最大特点是脂肪品质好,特别适于喂肥育猪,可提高猪胴体品质。

③豆饼(粕):是目前使用最广泛、饲用价值最高的植物性蛋白质饲料,蛋白质含量高,一般压榨法可达 40% 左右,浸提法可达 45% 以上,且能量饲料中普通缺乏的赖氨酸含量高,常在 2.38% 左右。钙、磷含量不多,胡萝卜素和维生素 D 含量少,含烟酸较多,硫胺素含量与禾谷类饲料相近,蛋氨酸含量较少。

④棉籽饼(粕):含粗蛋白质 35%～42%,含 B 族维生素和维生素 E 较丰富。其突出缺点是蛋白质中赖氨酸含量少,仅相当于豆饼(粕)的 60%。由于棉籽饼(粕)中游离棉籽酚的存在,喂猪后易发生积累性中毒,加之其纤维含量高,因而在猪饲料中要限制使

用。不去毒时,饲料中含量以不超过 5% 为宜。

⑤菜籽饼(粕):含粗蛋白质 35%～40%,蛋白质中氨基酸比较完全,可代替部分豆饼喂猪。由于含有毒物质(芥子苷),喂前宜采取脱毒措施,未经脱毒处理的菜籽饼要严格控制喂量,在饲料中一般不超过 7%,妊娠后期母猪和泌乳母猪不宜饲用。

⑥花生饼(粕):含粗蛋白质 40% 左右,适口性好,有甜香味,是猪优良的蛋白质饲料。但花生饼(粕)脂肪含量高,不耐贮存,易产生黄曲霉毒素,限制了其在猪饲料中的使用量。发霉变质的花生饼(粕)绝不能作为猪饲料。

花生饼(粕)蛋白质中缺乏赖氨酸和蛋氨酸,使用时应注意补喂动物性饲料或氨基酸补充饲料。

⑦葵花籽饼(粕):可分为脱壳和带壳两种。脱壳葵花籽饼(粕)的蛋白质含量高于带壳的,约含 36%,而带壳的含 25% 左右,其中蛋氨酸含量较高。缺点是赖氨酸含量低,而且带壳的粗纤维在 20% 以上,所以饲用价值较低,仅能少量使用。

⑧胡麻饼:含粗蛋白质 35% 左右,但赖氨酸含量低,宜与豆饼一起饲用。

其他饼粕类蛋白质饲料尚有芝麻饼(粕)、蓖麻饼(粕)等,都可提供猪蛋白质营养。

(2)动物性蛋白质饲料:动物性蛋白质饲料主要有鱼粉、肉骨粉、蚕蛹、乳类等,其共同特点是蛋白质含量高,品质好,不含粗纤维,维生素、矿物质含量丰富,是猪的优良蛋白质饲料。在仔猪饲粮中添加一定量的鱼粉可促进生长发育,种公猪饲粮中添加 2%～3% 的鱼粉可提高精液品质,促进公猪性欲。

①鱼粉:鱼粉是最佳的蛋白质饲料,其蛋白质含量高达 62%～65%,必需氨基酸含量多,且配比合理,维生素含量丰富,矿物质含量也较全面,钙磷比例适当。在猪饲粮中使用鱼粉,可明显提高其生产性能,猪的日增重可提高 15%～25%。但是鱼粉价格

昂贵,而且目前市场上假的秘鲁鱼粉多,所以许多猪场多用豆饼(粕)代替饲粮中的秘鲁鱼粉。

②肉粉和肉骨粉:是经卫生检验不适合人类食用的肉品或肉品加工副产品,经高温高压或煮沸处理,并经脱脂、脱水干燥制成的粉状物。通常含骨量小于 10% 的叫肉粉,而高于 10% 的叫肉骨粉。

肉粉粗蛋白质含量 50%～60%,肉骨粉则因其肉骨比例不同而蛋白质含量亦有差异,一般在 40%～50%,最好与植物性蛋白质饲料搭配使用,喂量占饲粮的 3%～10%。

③血粉:血粉是屠宰家畜时所得的血液,经喷雾干燥制成的粉末,含粗蛋白质 82.8%,是高蛋白饲料,含有多种必需氨基酸。血粉适口性差,且蛋白质消化率低,猪饲粮中一般不超过 5% 为宜。

④蚕蛹和蚕蛹粉:是缫丝工业副产品,富含脂肪,不易贮存,且影响肉脂品质。因此宜提取脂肪后制成蚕蛹粉再作饲料,既耐贮存,又能提高利用效果,其蛋白质含量近 80%,富含各种氨基酸,与饼粕类配合使用可提高增重。

⑤羽毛粉:羽毛粉水解后粗蛋白质含量达 77.9%,比鱼粉还要高,是良好的蛋白质饲料。羽毛粉含角蛋白多,必须经过水解才能喂猪,但水解的成本高,少量使用还可以。

⑥酵母:酵母是介于动物性与植物性蛋白质之间的一种蛋白质饲料。它的蛋白质含量也介于二者之间,为 52.4%。酵母有苦味,适口性较差,宜控制喂量,以免猪厌食,影响生长和增重。用量在 2%～3%,不超过 5% 为宜。

除此之外,还有一些蛋白质含量较高的豆科牧草、单细胞蛋白质饲料,也是猪较好的蛋白质补充饲料,特别是豆科牧草,既能提供蛋白质,又能起到青饲料的作用,对母猪尤为重要。

(3)提高饲料中的蛋白质利用率的有效方法:为了提高饲料蛋白质的利用率,首先应注意饲粮的组成,尤其是粗纤维含量会影响猪对蛋白质的消化吸收。因为当饲粮中粗纤维过多会加快食糜通过消化道的速度,降低蛋白质的消化率。如果粗纤维含量增加一个百分点,蛋白质消化率就会降低 1.0～1.5 个百分点,而饲粮中含有适量的蛋白质则能提高饲粮的消化率。因此,猪饲料中应少加粗饲料,并且增加饲料蛋白质含量。

提高蛋白质的利用率,还要注意饲粮中能量的高低。因为当能量满足猪的需要时,蛋白质才能作为氮源满足猪的需要。当能量不足时,蛋白质首先被迫提供能量,其余才作为氮源,这就大大降低了蛋白质的利用率。因此,在喂猪时应首先满足其能量需要,然后在此基础上,增加蛋白质的饲喂量,才能增加蛋白质的沉积。

饲粮中蛋白质的数量、种类以及蛋白质中各种氨基酸的配比也影响蛋白质的利用。饲粮中蛋白质品质好,数量适宜,蛋白质利用率就高;当喂量过多,蛋白质利用率反而降低。因为猪体合成蛋白质的程度是有限的,蛋白质过多时,多余的蛋白质不能用于氮的需要,只能作为能源。食入的蛋白质,其中含有的各种必需氨基酸也必须搭配齐全。猪体内合成蛋白质需要 10 种必需氨基酸,其中任何一种缺乏都会影响蛋白质的利用。因此,应提倡各种饲料搭配使用,因为不同饲料中含有必需氨基酸不同,蛋白质种类不同,可以起到互补作用,从而使饲料蛋白质的利用率提高。

此外,调制饲料的方法也是影响蛋白质利用率的因素之一。同一种饲料进行打浆、碾碎、发酵、青贮等不同加工后,饲料的适口性增加,消化率提高。另外,某些饲料如大豆经加热处理后,能破坏生大豆中的抗胰蛋白酶,蛋白质的利用率也会提高。为了提高蛋白质的利用率,还可进行抗氧化处理。

当然,提高蛋白质利用率还要注意饲粮中营养的全价性、氨基酸的平衡性。因此,在饲粮中应补加少量人工合成的赖氨酸、蛋氨酸,以及各种常量、微量矿物质及维生素。

3. 青饲料

青饲料是指含水量在 60％以上的植物性饲料。该类饲料含水量多,干物质中粗蛋白质量多、质好,维生素、矿物质含量丰富,粗纤维含量低,无氮浸出物含量丰富,各种营养物质易被消化吸收,对猪具有一定的促生长作用,是家庭养猪不可缺少的。在某些情况下,青饲料中所含维生素即可满足猪的需要,无需另外补充。

猪常用的青饲料种类很多,主要有牧草、蔬菜、根茎、瓜类、鲜树叶和水生饲料。

(1)牧草:包括天然牧草和人工栽培牧草,常见的有禾本料植物和豆科植物。禾本科牧草主要有青刈玉米、青刈高粱、苏丹草、黑麦草等,豆科牧草主要有苜蓿、紫云英、三叶草、苕子、大豆苗、蚕豆苗等。豆科牧草粗蛋白质含量高,常达 15％～20％,质地柔软,适口性好,是猪很好的蛋白质补充饲料,使用得当,可减少蛋白质饲料的用量,降低饲料成本。其他科的牧草如聚合草、荞麦等也是猪良好的青饲料。

(2)蔬菜类:蔬菜也用作猪的饲料,常用的主要有苦荬菜、甘蓝、牛皮菜、甜菜叶、苋菜等。该类饲料在饲用时要防止焖制,以免产生亚硝酸盐使猪中毒。

(3)根茎瓜类:该类饲料含糖分较多,常带有甜味,适口性特别好,猪很爱采食。该类饲料中的典型代表是胡萝卜,它是营养价值很高的青饲料,能补充冬、春季青饲料供应不足。其他如甜菜、菊芋、芜菁、南瓜等,都是品质优良的青饲料。

(4)鲜树叶:优质的树叶也是喂猪的好饲料,既可作青饲料,也能提供一定量的能量、蛋白质和其他营养物质,同时某些树叶中还含有某种促进生长的未知因子,可作为饲料添加剂,如松针粉等。常用于喂猪的树叶种类有:桑槐、榆、杨、柳和某些水果树叶。在使用时注意有的树叶中含有单宁,适口性差。在饲料中使用量常在

$10\%\sim20\%$。

(5)水生饲料：主要有水浮莲、水花生、水葫芦和绿萍。该类饲料含水量常在90%以上，干物质含量很少，能量低，生喂时猪易感染寄生虫，不宜大量用以喂猪。

4. 粗饲料

粗饲料是指饲料中粗纤维含量超过18%、可利用能量很低的饲料。其共同特点是粗纤维含量高，粗蛋白质含量在6%以下，品质差，消化能含量低，粗灰分含量高，但利用率较低。因此，在仔猪、生长肥育猪饲料中要严格控制该类饲料的含量，以免影响饲粮的消化吸收，降低饲料报酬。

猪常用的粗饲料有青干草和秸秆秕壳类。

(1)青干草：是牧草未达成熟前刈割下来通过人工晒制而成的饲料，该类饲料维生素 D 含量丰富，其他营养物质含量与收获时期和原料品种有很大关系。以豆科牧草为原料晒制的青干草蛋白质含量较高，质地柔软，是良好的蛋白质补充饲料，适于盛花期前收割晒制。禾本科牧草是晒制青干草的好原料，晒制时营养物质损失少，较易成功。

(2)秸秆秕壳类：这类饲料是作物种籽收获后留下的副产品，包括整株的秸秆和籽实的外壳、瘪子等，粗纤维含量特别高，达$30\%\sim45\%$，消化能特别低，质地粗硬，适口性差。主要有麦草、稻草、玉米秸、豆夹等。这类饲料不宜饲喂仔猪、肥育猪，有时可用于成年母猪的填充料。

5. 矿物质饲料

矿物质饲料是为了补充植物性和动物性饲料中某种矿物质不足而利用的一类饲料。大部分饲料中都含有一定量矿物质，在过去散养或土圈少量养猪的情况下，看不出明显的矿物质缺乏症，但在目前高密度饲养或圈养条件下矿物质需要量增多,必须在饲料中添加。在生产中,常用的矿物质饲料主要有骨粉、贝壳粉、石粉、磷酸氢钙、食盐等。

(1)骨粉:是动物骨骼经高温、高压、脱脂、脱胶粉碎而成。含钙量 36%,含磷量 16%,不仅钙磷丰富,而且比例适当,是猪饲粮中优质的钙磷补充饲料,一般用量占 1.5%～2%即可。

(2)贝壳粉和石粉:贝壳粉是河、湖、海产的螺蚌等外壳加工粉碎而成,含钙量 30%以上。石粉是天然碳酸钙,含钙量 35%以上。它们都是廉价钙的来源,用量一般在 1.5%～2%即可。

(3)磷酸氢钙:含钙量在 20%以上,含磷量在 15%以上。因价格昂贵用量很少,占饲粮 0.5%左右,使用时应注意用脱氟磷酸氢钙。

(4)食盐:植物性饲料中一般缺乏钠和氯,在猪的饲粮中应注意添加,一般添加量为 0.5%～1%。

(5)沸石:沸石是一种含水的硅酸盐矿物,在自然界中多达 40 多种。沸石中含有磷、铁、铜、钠、钾、镁、钙、锶、钡等 20 多种矿物质元素,是一种质优价廉的矿物质饲料。

6. 饲料添加剂

饲料添加剂是指为补充饲粮营养或有利于营养利用而向饲粮中加入的各种微量成分。它不同于饲料,一般不能提供能量,添加的主要目的在于补充饲粮营养成分的不足,防止和延缓饲料变质,提高饲料适口性,改善饲料利用率,预防猪受病原微生物的侵扰,促进猪正常发育和加速生长,提高产品质量。由于自然界中没有哪一种饲料能完全满足猪的营养需要,即使是几种饲料科学地配合在一起也不可能非常完善,因此在饲粮中加入饲料添加剂是非常必要的。

饲料添加剂可分为两大类,包括营养性饲料添加剂和非营养性饲料添加剂。

(1)营养性饲料添加剂:此类添加剂主要用于平衡饲粮营养,使饲粮更全价,提高饲料转化率,使猪的生产力得到更好发挥。主要包括氨基酸添加剂、微量元素添加剂和维生素添加剂。

①氨基酸添加剂:猪对蛋白质的需要实际上是对必需氨基酸的需要,猪常用的植物性饲料中,必需氨基酸的数量少且不平衡,不能满足猪的需要,影响饲料报酬。

目前生产中普遍使用的氨基酸添加剂有两种,即赖氨酸添加剂和蛋氨酸添加剂,它们都可工业合成。

Ⅰ.赖氨酸:在能量饲料中都缺乏,是猪的第一限制性氨基酸,虽然蛋白质饲料如豆饼中含量较高,但其价格高,来源不足,限制了在猪饲料中的使用量。为了降低饲料成本,可在饲料中直接添加赖氨酸,满足猪对赖氨酸的需要。试验证明,在猪饲料中添加赖氨酸,可提高猪的生长速度,降低饲料消耗。

Ⅱ.蛋氨酸:在植物性蛋白质饲料中含量较少,是猪的第二限制性氨基酸。目前市场出售的蛋氨酸主要是美国、日本等国生产的,可根据饲养标准推荐量在饲料中适当添加。

②微量元素添加剂:通常包括有铁、铜、锰、锌、钴、碘等微量元素,在缺硒地区还应添加亚硒酸钠。在水泥地面封闭饲养的猪,不接触土壤,不喂青绿饲料和草粉,需要在饲料中添加微量元素添加剂。各地饲料公司、生产厂家和药店均出售各种规格的微量元素添加剂,可按说明书使用。

③维生素添加剂:在家庭养猪中,青绿饲料比较多,虽然不使用维生素添加剂,也很少出现缺乏症,但在规模养猪情况下,青绿饲料很难充分供应,尤其是饲养肥育猪,不宜大量饲用青饲料。因此,必须在饲粮中加入适量的维生素添加剂。各地饲料公司、生产厂家和药店出售各种复合饲料添加剂,分为种猪(妊娠期、泌乳期)、仔猪和肉猪各种规格,可按说明书使用。购买时要注意密封

性和有效保存期,超期的维生素添加剂效价降低,甚至完全失效。添加维生素的饲料不宜长时间贮存。

各种营养性饲料添加剂由于添加量都很小,应充分搅拌均匀,以免造成浪费及意外事故。

(2)非营养性饲料添加剂:该类添加剂不是为了提供营养,而是为了促进猪的生长,改善饲料利用率,防止饲料变质,提高猪肉品质。主要包括保健助长添加剂、饲料品质保护添加剂和产品品质改良添加剂等。

①保健助长添加剂:该类添加剂可抑制病原微生物的繁殖,改善猪体内的某些生理过程,提高饲料利用率,促进猪的生长,增加养猪的经济效益。主要包括抗生素添加剂和各种生长促进剂。

Ⅰ.抗生素添加剂:低浓度的抗生素添加剂可对特异微生物的生长产生抑制或杀灭作用,从而提高猪的生产力。在饲养管理条件比较恶劣的情况下,使用这类添加剂的效果更好。目前在养猪生产中经常用的有:杆菌肽、泰乐霉素、竹桃霉素、金霉素、土霉素等。在使用此类添加剂时要防止滥用,长期低剂量使用抗菌药物会使微生物产生抗药性,并在猪肉中残留,对人类造成危害,这是许多国家不允许的。因此,在使用时要注意治疗用的抗生素一般不能作为添加剂,最好能将几种抗生素添加剂联合或交叉使用,以免引起抗药性。为了防止残留,应间隔使用,特别是在屠宰前一段时间要停用。

Ⅱ.生长促进剂:如生长素、β-兴奋剂等能改善猪体内代谢过程,促进猪的生长。还有如各种纤维素酶、淀粉酶等可改善饲料消化率,提高饲料报酬。

Ⅲ.驱虫、保健添加剂:对消化道内寄生虫(如蛔虫)有效的如潮霉素;对预防与治疗白痢有效的如土霉素,猪的用量每吨饲料300克,有促进猪的生长与防病作用。

Ⅳ.增进食欲添加剂：

谷氨酸钠（味精）：在饲料中添加 0.1％的谷氨酸钠，能显著提高猪的食欲，并有效地加快生长，特别在仔猪人工乳中添加味精效果更好。

用发酵法生产味精的残渣，经适当处理，可代替谷氨酸钠作为饲料添加剂使用。味精残渣中除含有一定量的谷氨酸钠外，尚有大量的菌丝蛋白及其他有助于猪生长的物质。

糖精：为了改善猪料的适口性，增进食欲，也可在每吨饲料中添加 200 克糖精。此外，在饲料中添加适量的马钱子、槟榔子、芥子与茴香油等，也可起到开胃的作用。

Ⅴ.中草药添加剂：中草药资源丰富，价格低廉，助长保健，无不良副作用，完全可以作为添加剂使用。

②饲料品质保护添加剂：饲料中某些成分暴露在空气中易被氧化，或在气温高、湿度大的环境中易于变质，在饲料中添加了这类添加剂后可有效地保护饲料品质。常用的添加剂有抗氧化剂和防霉剂。

Ⅰ.抗氧化剂：在含脂高的饲料中，为了防止脂肪腐败和维生素的破坏而使用的添加剂。常用的有抗坏血酸、五倍子酸脂等，在饲料中的添加量一般为 0.01％～0.05％。在家庭养猪饲料用量不太大、饲料贮存天数较短的情况下，很少使用。

Ⅱ.防霉剂：是为了防止高温高湿的季节饲料霉变而采用的添加剂。常用的防霉剂是丙酸钠，添加量为每吨饲料 1 千克。

(3)使用饲料添加剂时应注意的问题：饲料添加剂的作用已逐渐被人们认识，使用愈来愈普遍，但因种类多，使用量小而作用大，且多易失效，所以使用时应注意以下几点：

①正确选择。目前饲料添加剂的种类很多，每种添加剂都有自己的用途和特点。因此，首先应充分了解它们的性能，然后结合饲养目的、饲养条件、猪的品种及健康状况等选择使用。

②用量适当。用量少,达不到目的;用量多既增加饲养成本,还会引起中毒。用量多少应严格遵照生产厂家在包装上的使用说明。

③搅拌均匀。搅拌均匀程度与效果直接相关:饲粮中混合添加剂时,要必须搅拌均匀,否则即使是按规定的量饲用,也往往起不到作用,甚至会出现中毒现象。若采用手工拌料,可采用三层次分级拌和法。具体做法是:先确定用量,将所需添加剂加入少量的饲料中,拌和均匀,即为第一层次预混料;然后再把第一层次预混料掺到一定量(饲料总量的 1/5~1/3)饲料中,再充分搅拌均匀,即为第二层次预混料;最后再把第二层次预混料掺到剩余的饲料中,拌均即可。这种方法称为饲料三层次分级拌合法。由于添加剂的用量很少,只有多层次分级搅拌才能混均。

④混于干粉料中。饲料添加剂只能混于干饲料(粉料)中,短时间贮存待用才能发挥它的作用,不能混于加水的饲料和发酵的饲料中,更不能与饲料一起加工或煮沸使用。

⑤贮存时间不宜过长。大部分添加剂不宜久放,特别是营养性添加剂、特效添加剂,久放后容易受潮发霉变质或氧化还原而失去作用,如维生素添加剂、抗生素添加剂等。

⑥配伍禁忌。多种维生素最好不要直接接触微量元素和氯化胆碱,以免减小药效。在同时饲用两种以上的添加剂时,应考虑有无拮抗、抑制作用,是否会产生化学反应。

(二)怎样应用猪的饲养标准

1. 我国猪的饲养标准

见表 6-1 至表 6-6。

表6-1 仔猪饲养标准

项　目	(一)每头每日营养需要量			(二)每千克饲粮养分含量		
体重（千克）	1～5	5～10	10～20	1～5	5～10	10～20
预期日增重（克）	160	280	420	160	280	420
采食风干料量（千克）	0.20	0.46	0.91			
消化能（兆焦）	3.35	7.03	12.59	16.74	15.15	13.85
代谢能（兆焦）	3.01	6.40	11.59	15.15	13.89	12.76
粗蛋白质（克）	54	100	175	27	22	19
赖氨酸（克）	2.8	4.6	7.1	1.4	1.00	0.78
蛋＋胱氨酸（克）	1.6	2.7	4.6	0.80	0.59	0.51
苏氨酸（克）	1.6	2.7	4.6	0.80	0.59	0.51
异亮氨酸（克）	1.8	3.1	5.0	0.90	0.67	0.55
钙（克）	2.0	3.8	5.8	1.00	0.83	0.64
磷（克）	1.6	2.9	4.9	0.80	0.63	0.54
食盐（克）	0.5	1.2	2.1	0.25	0.26	0.23

表6-2　肉脂型生长肥育猪饲养标准

项　目	(一)每头每日营养需要量			(二)每千克饲粮养分含量		
	20～35	35～40	60～90	20～35	35～60	60～90
体重(千克)						
预期日增重(克)	500	600	650	500	600	650
采食风干料量(千克)	1.52	2.20	2.83			
消化能(兆焦)	19.71	28.53	36.69	12.97	12.97	12.97
代谢能(兆焦)	18.33	26.61	34.22	12.09	12.09	12.09
粗蛋白质(克)	243	308	368	16	14	13
赖氨酸(克)	9.8	12.3	14.7	0.64	0.56	0.52
蛋+胱氨酸(克)	6.4	8.1	7.9	0.42	0.37	0.28
苏氨酸(克)	6.2	7.9	9.6	0.41	0.36	0.34
异亮氨酸(克)	7.0	9.0	10.8	0.46	0.41	0.38
钙(克)	8.4	11.0	13.0	0.55	0.50	0.46
磷(克)	7.0	9.1	10.4	0.46	0.41	0.37
食盐(克)	4.6	6.6	8.5	0.3	0.3	0.3

表6-3　瘦肉型生长肥育猪饲养标准

项　目	(一)每头每日营养需要量					(二)每千克饲粮养分含量				
体重(千克)	1~5	5~10	10~20	20~60	60~90	1~5	5~10	10~20	20~60	60~90
预期日增重(克)	160	280	420	550	700	160	280	420	550	700
采食风干料量(千克)	0.20	0.46	0.91	1.69	2.71					
消化能(兆焦)	3.35	7.11	12.59	21.92	35.15	16.74	15.15	13.85	12.97	12.97
代谢能(兆焦)	2.93	6.69	11.63	21.09	33.81	15.15	13.85	12.76	9.49	9.49
粗蛋白质(克)	54	101	173	270	379	27	22	19	16	14
赖氨酸(克)	2.80	4.60	7.10	12.70	17.10	1.40	1.00	0.78	0.75	0.63
蛋+胱氨酸(克)	1.60	2.70	4.60	6.40	8.70	0.80	0.59	0.51	0.38	0.32
苏氨酸(克)	1.60	2.70	4.60	7.60	10.30	0.80	0.59	0.51	0.45	0.38
异亮氨酸(克)	1.80	3.10	5.00	6.90	9.20	0.90	0.67	0.55	0.41	0.34
钙(克)	2.00	3.80	5.80	10.10	13.60	1.00	0.83	0.64	0.60	0.50
磷(克)	1.60	2.90	4.90	3.50	10.80	0.80	0.63	0.54	0.50	0.40
食盐(克)	0.50	1.20	2.10	3.90	6.80	0.25	0.26	0.23	0.23	0.25

表6-4　种公猪饲养标准

项目 体重(千克)	<90	90~150	>150	每千克风干饲粮中
采食风干料量(千克)	1.40	1.90	2.30	
消化能(兆焦)	17.99	24.27	28.87	12.55
代谢能(兆焦)	17.15	23.43	27.61	12.05
粗蛋白质(克)	196	228	276	120~140
赖氨酸(克)	5.4	7.3	8.7	3.8
蛋+胱氨酸(克)	2.9	3.9	4.6	2.0
苏氨酸(克)	4.3	5.8	6.9	3.0
异亮氨酸(克)	4.7	6.3	7.5	3.3
钙(克)	9.5	12.8	15.2	6.6
磷(克)	7.6	10.3	12.2	5.3
食盐(克)	5.0	6.9	8.2	3.5

表6-5　母猪饲养标准

期　别	妊娠前期				妊娠后期				哺乳期			
体重(千克)	<90	90~120	120~150	>150	<90	90~120	120~150	>150	<120	120~150	150~180	>180
采食风干料量(千克)	1.50	1.60	1.90	2.00	2.00	2.20	2.40	2.50	4.8	5.00	5.20	5.30
消化能(兆焦)	17.15	19.25	21.76	23.01	23.43	25.52	28.03	29.29	58.58	60.67	62.34	63.60
代谢能(兆焦)	16.48	18.48	20.89	22.09	22.51	24.52	26.90	28.12	56.23	58.24	59.83	61.04
粗蛋白质(克)	165	176	209	220	240	264	288	300	672	700	728	742
赖氨酸(克)	5.2	5.8	6.6	6.9	7.1	7.7	8.4	8.8	23.9	24.8	25.5	26.0
蛋+胱氨酸(克)	2.8	3.1	3.5	3.7	3.8	4.1	4.5	4.7	14.8	15.4	15.8	16.1
苏氨酸(克)	4.1	4.6	5.2	5.5	5.6	6.1	6.7	7.0	17.8	18.4	18.9	19.3
异亮氨酸(克)	4.5	5.1	5.7	6.1	6.2	6.7	7.4	7.7	16.1	16.7	17.1	17.5
钙(克)	9.0	10.2	11.5	12.2	12.3	13.4	14.7	15.4	30.9	32.1	32.9	33.6
磷(克)	7.3	8.1	9.2	9.7	9.9	10.8	11.9	12.4	21.0	21.8	22.4	22.8
食盐(克)	4.8	5.3	6.0	6.4	6.7	7.3	8.0	8.4	12.0	22.0	22.0	23.0

表 6-6　后备猪饲养标准

项目 类型 体重(千克)	(一)每日每头营养需要量						(二)每千克饲粮中养分含量					
	小型			大型			小型			大型		
项目	10~20	20~35	35~60	20~35	35~60	60~90	10~20	20~35	35~60	20~35	35~60	60~90
预期日增重(克)	320	380	360	400	480	440	320	380	360	400	480	440
采食风干料量(千克)	0.90	1.20	1.70	1.26	1.80	2.10						
消化能(兆焦)	11.30	15.06	20.50	15.82	22.22	25.48	12.55	12.55	12.13	12.55	12.34	12.13
代谢能(兆焦)	10.46	14.23	19.25	14.64	20.71	23.81	11.63	11.72	11.34	11.63	11.51	11.34
粗蛋白质(克)	144	169	221	202	252	273	16	14	13	16	14	13
赖氨酸(克)	6.3	7.4	8.8	7.8	9.5	10.1	0.70	0.62	0.52	0.62	0.53	0.48
蛋+胱氨酸(克)	4.1	4.8	5.8	5.0	6.3	7.2	0.45	0.40	0.34	0.40	0.35	0.30
苏氨酸(克)	4.1	4.8	5.8	5.0	6.1	6.5	0.45	0.40	0.34	0.40	0.34	0.31
异亮氨酸(克)	4.5	5.4	6.5	5.7	6.8	7.1	0.50	0.45	0.38	0.45	0.38	0.34
钙(克)	5.4	7.2	10.2	7.6	10.8	12.6	0.6	0.6	0.6	0.6	0.6	0.6
磷(克)	4.5	6.0	8.5	6.3	9.0	10.5	0.5	0.5	0.5	0.5	0.5	0.5
食盐(克)	3.6	4.8	6.8	5.0	7.2	8.4	0.4	0.4	0.4	0.4	0.4	0.4

2. 应用猪的饲养标准时需要注意的问题

（1）饲养标准是来自养猪生产，又服务于养猪生产，生产中只有合理应用饲养标准，配制营养完善的全价饲粮，才能保证猪群健康并很好地发挥生产性能，提高饲料利用率，降低生产成本，获得较好的经济效益。所以，为猪群配合饲粮时，必须以饲养标准为依据。

（2）饲养标准的种类较多，在配合饲粮时应选择合适的饲养标准，满足相应猪的营养需要，并力求符合标准。

（3）饲养标准是根据许多试验研究结果的平均数据提出来的，而饲粮又是按大群猪的平均生产力来配合的，不可能符合每一个体的需要，而且饲料成分也有变化。此外，各种营养物质之间也存在着相互代替、相互制约的复杂关系。因此，在承认饲养标准与饲料营养价值表的科学性前提下，在生产实践中，要随时根据具体情况作具体调整，使配合饲粮的营养含量达到近似值即可。

（4）制定具体饲粮配方时，至少要满足猪对消化能、粗蛋白质、蛋白能量比、钙、磷、食盐、赖氨酸和蛋氨酸的需要量。

（三）怎样为生产猪群配合饲粮

1. 配合饲料的优点

配合饲料是指根据饲养标准科学地将几种饲料按一定比例混合在一起的营养全面的饲料。猪在生产过程中需要一定量的各种营养，但自然界中没有哪一种饲料能满足这个要求，用单一饲料喂猪的结果必然影响猪的生长，浪费饲料，降低经济效益。相反，饲用配合饲料不但能满足猪的营养需要，还能相对地降低饲料成本。配合饲料的优越性可概述如下：

(1)由于配合饲料是全价的,营养物质利用率高,可用最少的饲料获得最多的产品。

(2)配合饲料生产时,是将几种饲料混合使用,饲料之间营养物质相互补充,可以最合理地利用各种饲料,减少浪费,这对于一些资源贫乏的饲料如蛋白质饲料尤为重要。

(3)饲料配制时,可加入各种添加剂,防止了营养不足、过量和中毒现象,可以抑制病原微生物的生长,减少疾病发生,促进猪的生长,改善饲料利用率,提高胴体品质。用配合饲料喂猪与用单一饲料相比,料肉比前者为(3.0～3.5)∶1,后者为(4.0～4.5)∶1,甚至更高;死亡率前者在5%以下,后者常在10%～15%。

2. 饲粮配合的原则

(1)配合饲粮时应依据猪的饲养标准及饲料营养价值。饲养标准是配合饲粮的指南,饲料的营养价值是基础,查阅饲料营养价值表时要尽量选择接近本地区饲料的营养价值,以减少误差。

(2)必须满足猪对能量、蛋白质、维生素和矿物质的需要,对种猪还要注意到蛋白质的品质、必需氨基酸的平衡程度。

(3)注意饲粮体积,控制粗纤维含量。母猪饲粮体积可以较大些,使母猪有饱腹感,粗纤维含量可达10%左右,而种公猪、仔猪和肥育猪等要控制饲粮体积,以免种公猪形成草腹,仔猪、肥育猪能量摄入不足,影响生长。

(4)饲料要多样化。充分利用当地饲料资源,力求饲料品种多样化,使营养物质之间相互补充,提高利用率。

(5)饲料要质地良好,适口性好,严禁喂发霉变质、有毒有害的饲料。对于妊娠母猪更要注意。

(6)要考虑经济原则。在养猪生产中,饲料成本占总成本的60%～70%,为了提高经济效益,降低饲料成本,应在满足猪营养需要的前提下,尽量选用价格低廉、来源广泛的饲料。

3. 配合饲料的类型

猪的配合饲料的种类很多,按猪的类别可将配合饲料分为乳猪料、幼猪料、肥猪料、哺乳母猪料、妊娠母猪料和公猪料等;按形态可将配合饲料分为粉料、破碎料、颗粒料、压扁料、膨化漂浮料及液体料等;按营养可将配合饲料分为添加剂预混料、浓缩料、混合料和全价配合料。

(1)添加剂预混料:把多种饲料添加剂按一定比例与定量载体混合制成,喂猪时,按说明加入基础饲粮中。

(2)浓缩料:在添加剂预混料的基础上再加入蛋白质饲料。

(3)混合料:多为养猪户利用,自家生产的能量饲料加入少量蛋白质饲料和矿物质饲料混合而成。

(4)全价配合饲料:这种饲料根据科学配方,利用多种能量饲料、蛋白质饲料和饲料添加剂预混料配合而成,营养全面,比例适当,饲养效果好,经济效益高。

4. 饲粮中各类饲料的比例

不同饲料在猪饲粮中所占比例不同,同一种饲料在不同饲粮中所占比例也不尽相同。配合饲粮时应参考典型饲粮配方和实践经验灵活掌握。主要饲料种类在各种类型猪饲粮中搭配比例可参考表6-7。

表 6-7　各类饲料在猪饲粮中的比例　　　　　（%）

饲料类别	育成猪 (2～4 月龄)	后备成猪 (4～8 月龄)	兼用型肉猪 (4～7 月龄)	瘦肉型肉猪 (4～6 月龄)	妊娠母猪
禾本科籽实	36～60	35～50	35～55	35～55	30～50
豆科籽实	0～15	0～20	0～20	0～20	0～10
饼粕类	0～10	0～20	0～10	0～10	5～20
糠麸类	5～10	5～20	5～15	5～10	10～25
酵母	0～5	0～5	0～5	0～5	0～5
动物性饲料	3～10	2～10	2～5	3～8	1～5
草粉	1～5	1～5	1～5	1～5	1～7
石粉骨粉	1.5	1.5	1.5	1.5	1.5
食盐	0.5	0.5	0.5	0.5	0.5

5. 设计饲粮配方的方法

　　配制猪的饲粮首先要设计饲粮配方,有了配方,然后"照方抓药"。设计猪饲粮配方的方法很多,如四方形法、试差法、线性规划法、计算机法等。目前农村养猪户和小型猪场多采用四方形法或试差法,而大型猪场和饲料公司多采用计算机法。

　　(1)四方形法:此法简单易懂,一般在饲料种类不多及考虑营养指标较少的情况下采用。

　　①两种饲料的计算方法:如利用某一含粗蛋白质 42% 的浓缩蛋白饲料和含粗蛋白质 8.6% 的玉米,配制成含粗蛋白质 16% 的生长肥育猪饲粮。其计算步骤如下:

　　第一步:画一个四方形,在四方形中央写上所配饲粮的蛋白质含量 16%。

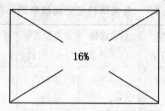

第二步：在四方形左上角，写玉米粗蛋白质的含量，即玉米8.6％；在四方形左下角，写浓缩饲料粗蛋白质含量，即浓缩料42％。

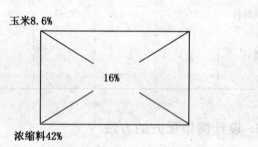

第三步：按四方形两对角线进行计算，用大数减去小数，并在计算过程中去掉百分号，即 42－16＝26；16－8.6＝7.4。把得数写在对角上。

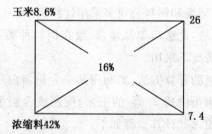

所以，右上角得数 26 是玉米在饲粮中所占的份数；右下角得数 7.4 是浓缩料在饲粮中所占的份数，总份数为 26＋7.4＝33.4。

第四步：把上一步的份数换算成百分比（％）。

即

$$玉米含量 = \frac{26}{26+7.4} = 77.84\%$$

$$浓缩蛋白质饲料含量 = \frac{7.4}{26+7.4} = 22.16\%$$

②多种饲料的计算方法:两种以上的饲料可以先排除固定原料成分,然后把饲料分为两组进行计算。例如,利用玉米、稻谷、麦麸、米糠、豆饼、菜籽饼、进口鱼粉(含粗蛋白质 60.5%)、贝壳粉、食盐、添加剂,为生长肥育猪配制含粗蛋白质为 16% 的饲粮。其计算步骤如下:

第一步:首先确定某些饲料比例,然后进行饲料分组。即确定鱼粉的比例为 2%,贝壳粉为 1%,食盐为 0.3%,添加剂为 0.7%;玉米、稻谷、麦麸、米糠为能量饲料组;豆饼、菜籽饼为蛋白质饲料组。

根据实际情况确定能量饲料玉米、稻谷、麦麸、米糠按40:35:15:10 组成,并从《猪常用饲料营养成分表》中查到上述各种饲料的粗蛋白质含量,即

玉米(8.6%)占 40%
稻谷(8.3%)占 35%
麦麸(14.4%)占 15%
米糠(12.1%)占 10%　}含粗蛋白质 9.72%

蛋白质饲料豆饼、菜籽饼按 60:40 组成,并查出粗蛋白质含量,即

豆饼(43.0%)占 60%
菜籽饼(36.4%)占 40%　}含粗蛋白质 40.6%

饲粮中未确定成分所占的比例为:

$$100\% - 2\% - 1\% - 0.3\% - 0.7\% = 96\%$$

饲粮中未确定成分应含粗蛋白质为:

$$(16\% - 60.5\% \times 2\%) \div 96\% = 15.41\%$$

第二步：把混合的能量饲料和混合的蛋白质饲料用四方形法计算，即

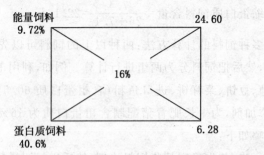

四方形右上角得数 24.60 是能量饲料在饲粮中所占的份数；右下角得数 6.28 是未确定比例的蛋白质饲料在饲粮中所占的份数。

第三步：把上列饲料换算成百分数，即

能量饲料为：$24.60 \div (24.60 + 6.28) = 79.66\%$

蛋白质饲料为：$6.28 \div (24.60 + 6.28) = 20.34\%$

第四步：计算各种饲料在饲粮中的比例。

玉米：$40\% \times 79.66\% = 31.86\%$

稻谷：$35\% \times 79.66\% = 27.88\%$

麦麸：$15\% \times 79.66\% = 11.95\%$

米糠：$10\% \times 79.66\% = 8.00\%$

豆饼：$60\% \times 20.34\% = 12.20\%$

菜籽饼：$40\% \times 20.34\% = 8.14\%$

进口鱼粉：2%

贝壳粉：1%

食盐：0.3%

添加剂：0.7%

(2)试差法：所谓试差法就是根据经验和饲料营养含量，先大致确定一下各类饲料在饲粮中的比例，然后进行营养价值计算，计

算结果与饲料标准比较,若某一项或某一部分营养不足或过多,将相应部分饲料比例调整,再计算,直到近似饲养标准为止。这种方法是生产中使用最多的,比较容易掌握。

例:为体重35～60千克的生长肥育猪配合饲粮。可供饲料有:玉米、大麦、米糠、豆饼、苜蓿草粉、贝壳粉、食盐及各种饲料添加剂。

第一步:根据配料对象及现有的饲料种类列出饲养标准及饲料成分表,见表6-8。

表6-8　生长肥育猪饲养标准及饲料成分

(兆焦/千克,%)

项　　目	消化能	粗蛋白质	钙	磷	赖氨酸	蛋＋胱氨酸	食盐
饲养标准							
体重35～60千克	3.1	14	0.50	0.41	0.56	0.37	0.30
饲料成分							
玉米	14.76	8.6	0.04	0.21	0.23	0.27	
大麦	13.18	10.8	0.12	0.29	0.42	0.28	
米糠	12.64	12.1	0.14	1.04	0.56	0.35	
豆饼	14.60	43	0.32	0.5	2.38	0.90	
苜蓿草粉	7.95	20.3	1.65	0.35	0.58	0.49	
贝壳粉			33.4				

第二步:试制饲粮配方,算出其营养成分。如初步确定各种饲料的比例为:玉米39.5%、大麦30%、米糠16%、豆饼8%、苜蓿草粉4%、贝壳粉1.5%、食盐0.3%、添加剂0.7%。饲料比例初步确定后可列出试制的饲粮配方及其营养成分表(见表6-9)。

表6-9　试制的饲粮配方及其营养成分

（兆焦/千克，%）

饲料种类	饲料比例	消化能	粗蛋白质	钙	磷	赖氨酸	蛋+胱氨酸
玉米	39.5	14.48×0.395 =5.7196	8.6×0.395 =3.397	0.04×0.395 =0.0158	0.21×0.395 =0.0830	0.23×0.395 =0.0909	0.27×0.395 =0.1067
大麦	30	13.18×0.30 =3.9540	10.8×0.30 =3.240	0.12×0.30 =0.036	0.29×0.30 =0.0870	0.42×0.30 =0.1260	0.28×0.30 =0.0840
米糠	16	12.63×0.16 =2.0208	12.1×0.16 =1.936	0.14×0.16 =0.0224	10.4×0.16 =0.1664	0.56×0.16 =0.0896	0.35×0.16 =0.0560
豆饼	8	13.56×0.08 =1.0848	43×0.08 =3.440	0.32×0.08 =0.0256	0.5×0.08 =0.04	2.38×0.08 =0.1904	0.90×0.08 =0.072
苜蓿草粉	4.0	7.95×0.04 =0.318	20.3×0.04 =0.812	1.65×0.04 =0.0660	0.35×0.04 =0.0140	0.53×0.04 =0.0212	0.49×0.04 =0.0196
贝壳粉	1.5			33.4×0.015 =0.501			
食盐	0.3						
添加剂	0.7						
合计	100	13.0972	12.825	0.6668	0.3904	0.5181	0.3383
饲养标准	100	12.97	14.0	0.5	0.41	0.56	0.37
差数	0	1.002	-1.175	0.1669	-0.0196	-0.0419	-0.0317

第三步:补足饲粮中粗蛋白质含量。从以上试制的饲粮配方来看,消化能比饲养标准多 1.002 兆焦/千克,而蛋白质比饲养标准少 1.175,这样可利用豆饼代替部分玉米进行调整。从饲料成分表中可查出豆饼的粗蛋白质含量比玉米高 34.4%(43%－8.6%)。在这里,每用 1% 豆饼代替玉米,则可提高蛋白质 0.344%。这样,可以增加 3.416(1.175÷0.344)豆饼来代替玉米就能满足粗蛋白质的饲养标准。第一次调整后的饲粮配方及其营养成分见表 6-10。

第四步:平衡钙磷,补充添加剂。从表 6-10 可以看出,饲粮配方中的钙多 0.1763%,其他营养含量与饲养标准相差不多。这样可用 0.5241% 的玉米代替贝壳粉,添加剂按药品说明添加。

这样经过调整的饲粮配方中的所有营养已基本满足要求,调整后确定使用的饲粮配方见表 6-11。

在配合饲粮时要求反复试差调整,直至近似饲养标准为止。用这种方法也可为其他生产目的和生理阶段的猪配合饲粮。

一般来说,试差结果与饲养标准相差不超过±5% 即为近似饲养标准,配合结果计算值不可能也没有必要与饲养标准完全相同。

(3)计算机设计法:随着电子工业的发展,电子计算机也被广泛应用于饲粮配方设计之中。利用电子计算机设计饲粮配方,其原理是把饲粮配方设计的计算抽象为简单目标线性规划问题,饲粮配方设计过程,就是求解相应线性规划问题最优解的过程,即利用高级计算机算法语言编出程序,将饲粮配方问题抽象成线性规划模型后,准确适当地列出输入数据,相应利用各种微机和程序求解。在实际生产中,人们可以利用电脑公司提供的计算机软件设计饲粮配方。与一般方法相比,用电子计算机设计饲粮配方有以下优点:

表6-10 第一次调整后的饲粮配方及其营养成分 (兆焦/千克,%)

饲料种类	饲料比例	消化能	粗蛋白质	钙	磷	赖氨酸	蛋+胱氨酸
玉米	36.084	14.48×0.361 =5.2273	8.6×0.361 =3.1046	0.04×0.361 =0.0144	0.21×0.361 =0.0758	0.23×0.361 =0.0830	0.27×0.361 =0.0975
大麦	30	13.18×0.30 =3.9540	10.8×0.30 =3.240	0.12×0.30 =0.036	0.29×0.30 =0.0870	0.42×0.30 =0.1260	0.28×0.30 =0.0840
米糠	16	12.63×0.16 =2.0208	12.1×0.16 =1.936	0.14×0.16 =0.0224	10.4×0.16 =0.1664	0.56×0.16 =0.0896	0.35×0.16 =0.0560
豆饼	11.416	13.56×0.114 =1.5458	43×0.114 =4.902	0.32×0.114 =0.0365	0.5×0.114 =0.057	2.38×0.114 =0.2713	0.90×0.114 =0.1026
苜蓿草粉	4.0	7.95×0.04 =0.318	20.3×0.04 =0.812	1.65×0.04 =0.0660	0.35×0.04 =0.0140	0.53×0.04 =0.0212	0.49×0.04 =0.0196
贝壳粉	1.5			33.4×0.015 =0.501			
食盐	0.3						
添加剂	0.7						
合计	100	13.0659	13.9946	0.6763	0.4002	0.5911	0.3597
饲养标准	100	12.97	14.0	0.5	0.41	0.56	0.37
差数	0	0.0959	-0.0054	0.1763	-0.0098	0.0314	-0.0103

表6-11　最后确定使用的饲粮配方及其营养成分

(兆焦/千克,%)

饲料种类	饲料比例	消化能	粗蛋白质	钙	磷	赖氨酸	蛋+胱氨酸
玉米	36.608	14.48×0.366 =5.2998	8.6×0.366 =3.1476	0.04×0.366 =0.0146	0.21×0.366 =0.0769	0.23×0.366 =0.0842	0.27×0.366 =0.0988
大麦	30	13.18×0.30 =3.9540	10.8×0.30 =3.240	0.12×0.30 =0.036	0.29×0.30 =0.0870	0.42×0.30 =0.1260	0.28×0.30 =0.0840
米糠	16	12.63×0.16 =2.0208	12.1×0.16 =1.936	0.14×0.16 =0.0224	10.4×0.16 =0.1664	0.56×0.16 =0.0896	0.35×0.16 =0.0560
豆饼	11.416	13.56×0.114 =1.5458	43×0.114 =4.902	0.32×0.114 =0.0365	0.5×0.114 =0.057	2.38×0.114 =0.2713	0.90×0.114 =0.1026
苜蓿草粉	4.0	7.95×0.04 =0.318	20.3×0.04 =0.812	1.65×0.04 =0.0660	0.35×0.04 =0.0140	0.53×0.04 =0.0212	0.49×0.04 =0.0196
贝壳粉	0.976			33.4×0.01 =0.334			
食盐	0.3						
添加剂	0.7						
合计	100	13.1384	14.0376	0.5095	0.4013	0.5923	0.361

①可以满足猪所有营养物质的需要。利用手工设计,只能确定几种主要技术指标,计算简单的饲粮配方。使用电子计算机后,利用线性规划和计算机语言,可以将猪饲养标准中规定的所有指标一一满足,使全面考虑营养与成本的愿望变为现实。

②操作简单,快速及时。利用计算机设计饲粮配方,全部计算工作由计算机完成,且速度相当快,仅需几分钟。计算内部程序固定化,操作起来极为简单。

③可计算出高质量、低成本的饲粮配方。利用计算机设计出来的饲粮配方都是最优化的,它既保证原料的最佳配比,又追求最低成本,这样可充分利用饲料资源,提高饲料转化率,获取最大的经济效益。

④提供更多的参考信息。计算机不仅能设计饲粮配方,还有能进行经济分析,经营决策,生产管理,市场营销,信息反馈等多种非常重要的作用。

当然,再先进的电子计算机也仅是一种为人类服务的工具,并不是万能的,要设计出好的饲粮配方,还必须掌握营养科学、饲料学原理,且具有丰富的实践经验。

6. 饲粮的拌合方法

饲粮使用时,要求猪所吃的每一部分饲料所含的养分都是均衡的、相同的,否则将会使猪产生营养不良、缺乏症或中毒现象,即使你的饲料配方非常科学,饲养条件非常好,仍然不能获得满意的饲养效果。因此,必须将饲料搅拌均匀,以保证猪的营养需要。饲料拌合有机械拌合和手工拌合两种方法,只要使用得当,都能获得满意的效果。

(1)机械拌合:采用搅拌机进行。常用的搅拌机有立式和卧式两种。立式搅拌机适用于拌合含水量低于14%的粉状饲料,含水量过多则不易拌合均匀。这种搅拌机所需动力小,价格低,维修方便,但搅拌时间较长(一般每批需 10～20 分钟),适于养猪专业户使用。卧式搅拌机在气候比较潮湿的地区或饲料中添加了黏滞性强的成分(如油脂)的情况下,都能将饲料搅拌均匀。该机搅拌能力强,搅拌时间短,每批 3～4 分钟。主要在一些饲料加工厂和大型猪场使用。无论使用哪种搅拌机,为了使搅拌均匀,都要注意适宜的装料量,装料过多或过少都无法保证均匀度,一般装料以容量的 60％～80％为宜。搅拌时间也是关系到混合质量的重要因素,混合时间过短,质量肯定得不到保证,但也不是时间越长越好,搅拌过久,使饲料混合均匀后又因过度混合而导致分层现象,同样影响混合均匀度。时间长短可按搅拌机使用说明进行。

(2)手工拌合:是家庭养猪时饲料拌合的主要手段。拌合时,一定要细心、耐心,防止一些微量成分打堆、结块,拌合不均,影响饲用效果。

手工拌合时特别要注意的是一些在饲粮中所占比例小,但会严重影响饲养效果的微量成分,如食盐和各种添加剂,如果拌合不均,轻者影响饲养效果,严重时造成猪产生疾病、中毒,甚至死亡。对这类微量成分,在拌合时首先要充分粉碎,不能有结块现象,因块状物不能拌合均匀,被猪采食后有可能发生中毒。其次,由于这类成分用量少,不能直接加入大宗饲料中进行混合,而应采用预混合的方式。其做法是:取 10％～20％的精料(最好是比例大的能量饲料,如玉米面、麦麸等)作为载体,另外堆放,然后将微量成分分散加入,用平锹着地撮起,重新堆放,将后一锹饲料压在前一锹放下的饲料上,即一直往饲料堆的顶上放,让饲料沿中心点向四周流动成为圆锥形,这样可以使各种饲料都有混合的机会。如此反复 3～4 次,即可达到拌合均匀的目的,预混合料即制成。最后再将这种预混合料加入全部饲料中,用同样方法拌合 3～4 次即能达到目的。

手工拌合时,只有通过这样拌合,才能保证配合饲粮品质,那种在原地翻动或搅拌饲料的方法是不可取的。

七、养猪的关键性技术有哪些

(一)饲养种猪的关键性技术有哪些

1. 种公猪的饲养管理

(1)后备公猪的选择与培育:后备猪是指 4 月龄至配种前这段期间的公猪。后备猪是猪群的未来,不断选拔和培育优异者作种猪,对更新猪群、提高种猪和生产猪群的生产性能起着极其重要的作用。

①后备公猪的选择:在一个猪群内,每头猪的生产性能、外貌特征和体质健康状况等都不会完全一样,在猪群繁殖和改良过程中,应当挑选出优良的公猪作为种用,把一些不符合种用的加以淘汰,这种选优淘劣的工作称为选种。选种的实质,在于通过世代的选优去劣,积累、巩固和加强对人类有益的变异,控制猪群遗传性的变化和发展。所以选种是猪群改良工作中一项经常性的长期工作。

选择后备公猪,一看亲代和同胞。后备公猪要求从父母品质优秀,母猪在二胎以上,同窝仔猪多而且发育均匀,断奶体重大,没有畸形的窝中选择。二要看后备猪的体形外貌和生长发育。后备猪要健壮、吃食快、不挑食、发育快、体重和骨架大,全身各个部位匀称,性情活泼。外貌要倾向于该品种的外貌特点。头大而宽,额无皱纹,嘴短宽而稍上翘,耳朵大小中等且薄而透明,眼大有神。颈短而粗,与头和身躯衔接良好;前躯发达,胸部宽而深,背平直,身腰长,背线不下凹。前、后躯发育匀称,臀部宽而平长,尾根粗,尾尖卷曲,摇摆自如而不下垂。腹部大小适中,太小会妨碍消化器官发育,太大影响配种。乳头在7对以上,分布均匀。四肢健壮有力,姿势端正,后肢更要强健有力。如后肢无力,往往不能顺利配种。睾丸要左右对称,大而明显。阴囊紧缩而不下坠,切忌单睾和隐睾。断奶后第一次选择可按需要头数的3~5倍选留,以后每2~3个月淘汰一次,要把生殖器官发育不正常和没有性欲的公猪淘汰。

②后备公猪的培育:培育后备公猪的任务是获得体格健壮、发育良好、具有品种特征和高度种用价值的种猪。

后备公猪的消化器官比较发达,消化机能和适应环境的能力也逐渐增强,是内部器官的生理成熟时期,也是重要的生长阶段。对饲养管理的要求虽不像仔猪那样严格,但是为了培育品质优良的种公猪,仍应根据不同的身体部位的生长发育规律,并按照育种目标的要求,给予合理的饲养管理和定向培育。猪比较容易通过定向培育和控制营养,以达到育种目的。只要正确地掌握猪的生长发育规律,就可以在其生长期的不同阶段,控制饲料类型和营养水平,加速或抑制器官组织或某些躯体部位的生长,以改变猪体外形结构和生产性能,使之向人们所希望的方向发育。特别是在提高猪的早熟性和生长速度方面,与营养有密切的关系,故应把选种工作建立在高度培育的基础上。

Ⅰ.后备公猪的饲养:后备公猪在不同的月龄,需要的营养是不一样的,如在长骨的阶段,为促使骨骼长得结实致密,骨骼大,必须保证供给钙磷等矿物质的需要,在长肌肉的阶段,则必须供给足量优质的蛋白质营养。当日粮中的营养物质基本满足时,提高能量水平,对骨骼和肌肉的生长没有多大效应,只会增加脂肪的沉积。培育后备公猪,只要求全身结构和各部组织发育良好,并不要过肥,在 6～8 月龄时,体重最好达到成年体重的 50%～60%,生殖器官及机能发育正常。因此,在日粮的结构上,主要应以满足骨骼、肌肉和内脏器官生长发育所需要的营养,品质优良的青绿多汁饲料和干草粉、适量的动物性饲料都是饲喂后备公猪的好饲料。富含碳水化合物的饲料宜少用,因为能量太多会使后备公猪过肥。后备公猪在体重 50 千克以后,随着消化器官的发育完善,消化吸收能力的增强,不仅食欲旺盛,而食量大增,饱后即睡,因此宜采用限量饲喂,不要采用自由采食。自由采食容易吃得过多而导致肥胖,采食过多也会撑大胃肠容积形成垂腹,还会造成挑食的恶习。为了控制后备公猪的喂量,一般根据体重决定每日每头风干饲料的供给量。在 5～6 月龄时,每天风干料的喂量为体重的 3.5%～4.0%,即每 100 千克体重给风干饲料 3.5～4 千克（包括青饲料折算成风干料）;7～8 月龄时,为体重的 3.0%～3.5%。日粮中的蛋白质含量,5～6 月龄占 14%,7～8 月龄时占 13%。每日应饲喂 3 次,避免一次采食过多。猪的食欲一般在傍晚最强,早晨较差,而中午最弱,在夏天炎热季节这种倾向更为明显。因此,在一日内每次的供料量要根据食欲好坏分配,早晨给日粮的 35%,中午给 25%,傍晚给 40%。饲料配方可参考表 7-1。

表 7-1　后备公猪饲粮配合

比例(%) 体重(千克) 饲料	20～35	35～60	60～90
玉米	53.5	50.5	43.0
豆饼	25.0	20.0	17.0
麦麸	10.0	15.0	8.5
高粱糠	10.0	10.0	27.6

比例(%) 体重(千克) 饲料	20～35	35～60	60～90
谷糠	—	3.0	2.6
外加青料	—	(0.5千克)	(1.0千克)
贝粉	1.0	1.0	0.9
食盐	0.5	0.5	0.4

Ⅱ.后备公猪的管理:除要求栏舍经常保持清洁卫生,以及有适当的温度和湿度外,还应注意以下工作。一般4月龄左右应和母猪分开饲养,防止过早地交配。后备公猪已经达到性成熟,具备繁殖能力,但其整个身体尚在发育,如果这时过早配种,势必影响其本身发育。另外,后备公猪还应按其大小、强弱、性情、吃食快慢等分成小群饲养,防止强夺弱食,使之发育整齐。

加强运动,对后备公猪非常重要,不仅可以锻炼身体,促进骨骼和肌肉的正常发育,保证有结实匀称的体型,防止过肥或肢蹄不良,还可增强体质和性活动的能力。猪舍均应有运动场让猪自由运动,或者进行放牧运动,减少猪在猪舍内闲呆的时间。后备公猪达到性成熟年龄以后,会烦躁不安,经常互相爬跨,不好好吃食,生长迟缓,因此这时可单圈饲养。

(2)种公猪的饲养与利用:俗话说,"母猪好好一窝,公猪好好一坡"。这说明,一个猪场,种公猪的数量很少,但其作用却很大。为此,必须对公猪进行科学的饲养管理和合理利用,要经常保持营养、运动和配种利用三者间的相对平衡。如营养丰富而运动和利用不足,或营养丰富而运动和利用过度,都会造成公猪性欲下降和配种能力不强的后果;如营养不良且利用过度,公猪就会过于消瘦,甚至会丧失性欲和配种能力。

①种公猪的饲养：由于种公猪配种射精量大，在正常情况下，成年公猪一次射精量平均为 250 毫升，最高者可达 900 毫升，大大高于其他种公畜。种公猪的交配时间长，一般为 5～10 分钟，时间长的可达 20 分钟以上，要比其他家畜长得多。种公猪在交配时间内消耗体力很大；精液中蛋白质的比例也大，占干物质的 60% 以上。因此，种公猪需要营养较丰富的物质，特别是对蛋白质的需要。

常年配种的公猪，应经常保持较高的营养水平，使其常年保持有旺盛的配种能力；而实行季节性配种的公猪，在配种前一个月就应逐渐增加营养，日粮中的蛋白质可占 15% 左右。在配种季节过后，可逐渐降低营养水平，但应满足能维持种用体况的营养需要。

种公猪的日粮应以精料为主，这种日粮可提高精液品质，增强受精能力及后代仔猪的生命力。对于种公猪的营养需要，首先应供给足量的能量，配种季节能量的供应量应在非配种季节供应量的基础上增加 25%，以满足体力消耗的需要，同时对增加精液量和提高精液的品质也有一定作用。

蛋白质对增加精液数量、提高精液品质和公猪的配种能力有很大作用。如果日粮中蛋白质不足，会造成精液数量减少，精子密度稀、发育不完全和活力差，使所配母猪受胎率下降，甚至丧失配种能力。因此，在搭配种公猪的日粮时，必须重点考虑蛋白质问题。实行季节配种的公猪，日粮中的蛋白质应在 15% 左右；常年配种的公猪，日粮中蛋白质可适当减少，但要做到常年均衡供应。为了提高蛋白质的利用率，应使多种蛋白质饲料搭配利用。如各种饼类饲料、豆科青饲料以及动物性饲料混合喂用。动物性饲料如小鱼、小虾、煮熟或焙干的母猪胎衣、鱼粉、鸡蛋等，可因条件而选用，对提高种公猪精液的数量和质量效果特别显著，精子的密度增加，畸形精子大大减少。这是因为动物性蛋白质中必需氨基酸完全，蛋白质生物学价值高，能大大促进精子的形成和发育。

　　维生素对种公猪的健康和精液品质关系密切。如果日粮中缺乏维生素 A 时，公猪性欲不强，精液品质下降或不产生精子，生殖机能减退或完全丧失。如缺乏维生素 D，会影响公猪对钙、磷的吸收和利用，间接影响精液品质。如果缺乏维生素 E，则睾丸发育不良，精子衰弱或畸形，受精能力减退。如缺乏维生素 B_1、维生素 B_2 时，能引起睾丸萎缩及性欲减退。胡萝卜、南瓜及优质多汁青绿饲料中含有丰富的胡萝卜素、维生素 E 和维生素 B_1、维生素 B_2。如果种公猪的饲粮中有适量的青绿多汁饲料，维生素就不会缺乏。维生素 D 在饲料中含量不多，但在晒制较好的干草中含量较多。如果种公猪每天能晒到太阳，紫外线可使皮下 7-脱氢胆固醇转化成维生素 D_3，种公猪是不会缺乏维生素 D 的。在冬季当缺乏青绿饲料时，可补充成品维生素，以满足维生素的需要。

　　矿物质对种公猪精液品质和健康有较大影响。日粮中缺钙，精子发育不全，活力不强；缺磷会引起生殖机能衰退；缺锰会产生异常精子；缺锌会使睾丸发育不良和精子生成完全停止；缺硒会引起贫血，精液品质下降，睾丸萎缩退化。各种青绿饲料和干草粉中含钙较多，糠麸饲料中含磷较多，但仍不能满足种公猪的需要，在搭配饲料时还应另外补充一定数量的骨粉、贝壳粉、蛋壳粉、碳酸钙等矿物质饲料。如果猪圈中垫土或猪只进行放牧时，一般不会缺乏微量元素；如果猪圈是水泥地面且不垫土时，日粮中就要补充微量元素添加剂。

　　在配制种公猪的日粮时，应注意使饲料种类多样以增强其适口性，但日粮的容积不宜过大，以防止种公猪垂腹，影响配种。

　　饲喂种公猪应定时定量，防止一次喂量过大，采用生饲干喂或稠喂的方法，应供给充足饮水，每天喂 2～3 次。

　　适用于种公猪的日粮配方见表 7-2，以供参考。

表 7-2　种公猪饲粮配方

饲养期	配种期			非配种期		
配方编号	1	2	3	1	2	3
玉米	50.2	35.0	34.8	65.0	38.3	31.0
大麦	4.8	27.9				
大米	17.9					
小麦				4.2		
高粱		21.0	8.9		3.7	5.0
麸皮	6.0		15.8		14.7	12.0
酒糟			14.6		18.8	18.0
青贮玉米			6.5		7.6	16.0
大豆	5.2	12.9		2.8		
豆饼			19.7	25.9	11.1	6.0
葵花籽饼	8.8		2.4		3.7	10.0
鱼粉	6.3	2.7				
骨粉			0.9	1.0	0.7	0.7
贝壳粉			0.5	0.5	0.7	0.7
食盐	0.8	0.5	0.5	0.6	0.7	0.6

(最左侧竖排标题:饲料配合比例(%))

②种公猪的管理:合理的管理对保证种公猪的健康和配种能力很重要。对种公猪的管理,除了经常保持圈舍的清洁干燥、阳光充足、空气流通和冬暖夏凉,使之有良好的生活环境,还应做好以下几方面的工作。

Ⅰ.加强运动。合理地运动可促进食欲,增强体质,提高繁殖机能。因此,在非配种期间要加强运动,在配种期间也要适度运动。一般上、下午各运动一次,每次1小时,速度不可太快。有条件的可结合放牧运动。夏天应在早晨和傍晚进行,冬天宜在中午进行。如遇到严寒或酷热等不良天气应停止运动。

Ⅱ.保持猪体清洁。最好每天用硬毛刷对猪体刷拭1~2次,除了可以防止皮肤病、体外寄生虫(疥癣、虱子等)外,更重要的是通过刷拭皮肤,可增强血液循环,促进新陈代谢。在炎热的夏天,每天可让种公猪在浅水池内洗浴 1～2 次,或用水淋浴。

Ⅲ.定期修蹄。要注意对种公猪的蹄子进行修整,以利于配种,并防止划伤母猪的皮肤。

Ⅳ.定期称重。种公猪应定期称重,了解其体重的变化,防止过肥或过瘦,以便调整日粮的营养水平。成年种公猪应维持其体重相对不变,幼龄公猪的体重则应逐渐增加。

Ⅴ.定期检查种公猪的精液品质。种公猪无论是本交还是人工授精,都要定期检查精液品质,特别是在配种准备期和配种期,最好每 10 天检查一次精液品质,以便调整营养、运动及配种强度,使之有健康的体质和优良的配种效果。

Ⅵ.实行单圈饲养。成年公猪一般单圈饲养,并离开母猪圈,这样可使其安静,减少干扰,食欲正常,以免相互咬架、爬跨和发生自淫现象。

Ⅶ.建立正常的饲养管理日程。对种公猪要建立一个正常的饲养管理日程,有条不紊地安排好种公猪的饲喂、饮水、放牧、运动、刷拭、休息等,使种公猪养成良好的生活习惯,以增进健康,提高配种能力。

Ⅷ.防止种公猪出现自淫现象。产生自淫现象的原因很多,如由于种公猪见到过其他公猪配种;发情母猪跑到公猪圈门口引逗公猪;公猪圈离母猪圈太近,母猪发情的叫声或发情的气味逗引了公猪;两头公猪从小养在一起,从小就相互爬跨、射精等。自淫的表现是公猪爬在墙上射精,或爬在其他公猪身上射精,甚至会爬在猪食槽上射精等。解决的办法是:公猪远离母猪圈;公猪圈门要严密,使其看不见外面的情况;实行单圈饲养;公猪圈围墙要高,使其爬不上墙头;食槽可设在圈外;加强运动,一天两次,而且路程要远些,使其累得只想休息而不想活动。

Ⅸ.防止公猪咬架。健壮的公猪咬架很凶,如果无人制止,最后不是一死一伤,就是两败俱伤。如果正值配种季节,将直接影响配种任务的完成。如遇公猪咬架,可用木板等物将两头公猪隔离开,再分头赶走公猪;或者是点一把火放在两头公猪之间,公猪受惊后也会分开。千万不可硬打,以免伤害种公猪。重要的是,平时要做好预防工作,如公猪圈的墙要高而坚固;栏门要严密结实;运动和配种时要防止两头公猪相遇;最好的办法是,从小把留作种用的后备公猪的犬齿打掉。

Ⅹ.注意解决公猪无性欲问题。公猪过肥、过瘦都会造成无性欲。公猪过肥是由于营养水平过高或配种过晚或配种强度过小或运动量过小造成的。解决的办法是:过肥时,要减料撤膘,加大运动量,适当多喂些青绿多汁饲料;过瘦时,要加强营养,如多加些饼类饲料和动物性饲料鱼粉等;配种不可过晚;把发情旺盛的经产母猪赶到公猪圈内,让发情母猪挑逗公猪。此外,还可注射脑下垂体前叶激素或维生素E,也能提高公猪的性欲。

Ⅺ.防止公猪尿血。公猪配种过早,生殖器官还未发育完全,配种次数过多,龟头微血管破裂而流血等,都能造成公猪尿血。发生尿血后,应立即停止配种,休息一个月,在此期间要多喂些饼类饲类和动物性饲料如鱼粉、鸡蛋等,另外再加喂一些品质好的青绿多汁饲料。等恢复健康后,要严格控制配种次数,否则如再发生尿血现象,就不易治理了。

一般来说,一个猪场的生产水平的高低,主要是看公猪的饲养管理水平。一头好的公猪,外表特征应是不肥、不瘦、四肢强健、肌肉发达、肚子不大,精力充沛,配种能力强。

③种公猪的合理利用:种公猪利用的好坏,不仅影响到它的配种能力、配种效果,还影响到种公猪的利用年限。

Ⅰ.适宜的配种年龄和体重:小公猪的初配年龄,因品种、气候和饲养管理条件不同而有区别。地方品种为8～10月龄,体重

为 75 千克左右；国外引进品种和培育品种在 10～12 月龄，体重达
90～100 千克时开始配种较好。配种过早，会影响公猪本身的生
长发育，从而缩短公猪的利用年限，还会影响后代的质量；过迟，则
公猪膘肥、体大、行动笨重，配种不便，而且性欲也不会旺盛。

Ⅱ. 利用强度：种公猪的配种强度要适当地控制，如配种利用
过度，会显著地降低公猪的精液品质，使受胎率下降；如长期不配
种，则会使种公猪的性欲减退，精液品质也差，造成母猪的受胎率
不高。初配小公猪每周配 2～3 次为宜；成年种公猪每天配种 1
次，必要时每天配 2 次，时间间隔要在 8 小时以上，连续配种 1 周
要休息 1 天。

Ⅲ. 公母猪的比例：一个猪场中，公、母猪的比例要适当，比
例过大，公猪负担过重，影响公猪的体质和受胎率；比例过小，公猪
负担过轻，是一种浪费。实行季节性产仔和本交的猪场，1 头公猪
可负担 15～20 头母猪的配种任务；实行分散产仔的猪场，1 头公
猪可负担 20～30 头母猪的配种任务；实行人工授精，1 头公猪一
年可负担 600～1000 头母猪的配种，有时还可更多。

Ⅳ. 配种时注意的问题：配种的环境要安静，地面要平坦，并
远离公猪舍，以免配种时影响其他公猪的情绪。配种时不要让旁
人围观、说笑。公猪初次配种，应选择发情好、性情温顺的发情母
猪，经几次训练后再与初配母猪交配，避免母猪咬公猪而造成公猪
性欲下降，甚至不易交配。还应注意饲喂前后 1 小时内不宜配种，
配种后不应立即饮冷水和洗浴。

此外，如果公猪当时的配种任务大，可一次先后和两头母猪交
配，因为公猪的射精量大，配种时间长，且是两次射精。其方法是：
当看到公猪将阴茎插入母猪阴道后，快速地前后抽动数次，公猪爬
在母猪背上不动，臀部肌肉收缩，尾巴煽动几次后，再行前后抽动
时，便将母猪向前拉动，公猪跟不上就落下地来，再让公猪和第二
头母猪进行交配。

2. 后备母猪的饲养管理

后备母猪的培育,目的是使母猪躯体各部位发育良好,能正常发情。

(1)后备母猪的选择:后备母猪的选择除按公猪一般选择方法和基本要求外,还要乳头发育整齐、有效乳头在 14 个以上,淘汰有异常乳头（内翻乳头、瞎乳头、小乳头）的个体;外生殖器发育正常;后躯要宽大。配种前要淘汰发情缓慢或因繁殖疾患而不能作种用的母猪。

(2)后备母猪的培育:后备母猪也要和后备公猪那样根据其生长发育规律和目标要求进行定向培育。尤其是 3～5 月龄前要特别注意保持较高的蛋白质水平和较好的蛋白质品质,给予较优厚的饲养,使骨骼和肌肉都能得充分地发育。以后可以适当降低精料量,增加青粗料的供给。但总的营养水平不应降得过多,而在配种前再给予较高的营养水平,施行"短期优饲"。采取这样的饲养方式,后备母猪既可以充分发育,体质结实而又不过肥。应当避免在后备母猪生长强度大的前期精饲料供给过少,尤其是蛋白质水平低,形成"吊架子",而后期又单纯为了达到体重指标,增加精料量,这样做体重可能达到指标要求,但因前期发育受阻,骨骼和肌肉发育差,结果育成的后备猪体躯短粗、肥胖,体质也不结实,降低或失去了种用价值。培育后备母猪时,必须多喂些优质的青绿多汁饲料和适当的优质干草粉,以促进骨骼、肌肉的发育,并能增大母猪胃肠的容积,以适应将来哺乳仔猪时食量大的需要。培育后备母猪的日粮营养水平可比后备公猪的日粮营养水平低些。后备母猪的饲养方案及日粮结构参见表 7-3、表 7-4。

表 7-3　后备猪的饲养方案

月　　　龄		2	3	4	5	6	7	8
预计体重（千克）	大型品种	20	30	45	60	80	100	130
	中型品种	15	25	35	50	65	80	100
	小型品种	10	20	30	40	50	60	80
干饲料日给量占体重（%）		5.0 ——→ 4.5		4.0 ——→3.5		3.5 ——→3.0		
粗蛋白质（%）		17 ———→14		14 ——————————→13				
日喂次数		5 ——→4		——————→3		3	3	

表 7-4　后备猪日粮结构

喂饲方式	自由采食		限制饲养	
饲料　　　　　日粮编号	1	2	1	2
玉米、高粱（含粗蛋白质8%）	30	30	67.5	10
麦类（含粗蛋白质12%）	30	30	10.0	10
薯类（含粗蛋白质3%）				40
苜蓿干草（含粗蛋白质17%）	30	25	5.0	20
豆饼（含粗蛋白质36%）	10	15	17.5	20

注：维生素、矿物质添加另加。

对后备母猪的管理不像管理后备公猪那样困难，管理制度可不那么严格。但是，要注意观察和记录后备母猪的初情期和发情表现，结合对猪体的刷拭，可多接近后备母猪，做到人猪"亲合"，使后备母体性情温顺，便于以后预防注射、配种、接产和哺育仔猪等生产环节的管理。

（3）后备母猪的适时配种：小母猪长到一定年龄，就会表现发情症状，但因其生殖器官仍在继续生长发育，这时称为初情期。以后，生殖器官基本发育完全，具备了繁殖能力，这时叫性成熟。母猪的性成熟的年龄,随品种、气候和饲养管理条件而有不同。母猪的初情期为 3～6 月龄,性成熟期为 5～8 月龄。

后备母猪达到性成熟后,虽然有繁殖能力,但由于本身仍在比较迅速地生长发育,若开始配种,不仅阻碍它的生长发育,降低其将来的生产性能,而且其后代多瘦小、体弱,死胎也多。

初配年龄,应在其外形已具备成年猪的特征,体重达到成年体重的 50%～60% 时比较合适。一般地方品种为 5～6 月龄,引进品种和培育品种为 8～12 月龄。

(4)母猪的性周期和最佳配种时间:母猪是常年发情的家畜,可以常年配种繁殖。

①母猪的发情症状:母猪发情时,开始外阴红肿,逐渐增强,肿胀达最强时,阴门流出乳白色水样的黏液。开始时,举动没有什么变化,后来表现不安、鸣叫、食欲减退;到中期,食欲显著下降,甚至完全不食,来回走动,鸣叫、拱地、啃圈门,企图跳圈,频频排尿,爬跨同圈内的其他母猪。阴户掀动,触摸其背部则举尾不动,愿接近公猪;以后,症状逐渐减轻。有些引进品种或培育品种(如长白猪)发情症状不明显,往往只是阴门肿胀,充血潮红。所以,对这类的猪应认真观察,适当早配。

②发情周期和发情持续期:从第一次发情开始起到第二次发情开始为一个发情周期。一般发情周期为 16～25 天,平均为 21 天。母情有发情表现的时间称为发情持续期,一般为 3～5 天。

③最佳配种时间:母猪是多周期性的家畜,可终年配种。为了使母猪能年产两胎或两胎以上,就必须掌握公、母猪适时交配的时间,因为交配时间是否适当,是决定母猪受胎率高低和产仔数多少的关键。要做到适时配种,首先要掌握母猪发情排卵规律,并根据两性生殖细胞在母猪生殖道内存活的时间,全面地加以考虑。

公、母猪交配后,精子和卵子是在输卵管上端结合。母猪排卵在发情后开始,一般在发情开始后 24～36 小时排卵。排卵持续的时间长短不等,一般为 10～15 小时,卵子在输卵管中具有受精能力的时间为 8～12 小时。公猪排出的精子在母猪生殖道内一般可存活 10～20 小时。据此推算,配种适宜的时间,是母猪排卵前2～3 小时,即发情开始后的 19～30 小时。若交配过早,当卵子排出时,精子已失去受精能力;若交配过晚,当精子进入母猪生殖道内,卵子已失去受精能力,两者均会降低受精率,即使受精,也会因结合子的活力不强而中途死亡。

为达到适时配种的目的,在生产实践中要认真观察母猪发情开始的时间,并做到因猪而异。我国地方猪种的母猪发情症状明显,但老龄母猪发情的时间较短,配种时间可适当提前;年轻母猪发情的持续时间长,配种时间可适当推迟。经验是:"老配早,少配晚,不老不少配中间"。国外培育品种,发情症状不明显,而且持续时间短,宜早配。

可根据母猪发情的外部表现和行为掌握适宜配种的时间。当母猪阴户红肿刚开始消退和呆立不动时,正是介于排卵和刚排卵之间,是配种的较好时间。

一般老龄母猪在发情的当天就可配种,中年母猪在发情的第二天配种,小母猪在发情后的第三天配种较适宜。配种时间因品种不同而有区别,一般我国地方品种配种时间在发情后的 2～3天,培育品种在发情后的第 2 天配种,杂交猪在发情后的第 2 天下午到第 3 天上午配种较适宜。

据经验,一般母猪在下午配种,产仔的时间多在白天。

④母猪的产后发情:母猪产后第一次发情在 1～4 天内,平均为 2 天,但常常不排卵,虽配种也不受胎。多数母猪在仔猪断奶后3～5 天发情。营养不良或老龄母猪产后发情的时间较晚,往往推迟至仔猪断奶后 10～15 天或更晚一些时间。产后配种的适宜时间为产后 30 天左右,因为这时母猪的生殖器官已逐渐恢复正常。

⑤母猪的交配方式和方法:根据猪场的条件,按母猪在一个发

情期内的配种次数,可分为以下几种配种方式。

Ⅰ.单次配:指在母猪的一个发情期内,只用一头公猪交配一次。这种方式在适时配种的情况下,也能获得较高的受胎率,并减轻了公猪的负担。缺点是,一次配种不太保险,一旦掌握不好配种时机,受胎率和产仔数都受到影响,在生产中一般不提倡这种配种方式。

Ⅱ.重复配:指在母猪的一个发情期内,用同一头公猪先后配种两次。两次间隔时间为8~24小时,即上午配一次,下午再配一次,间隔8小时;或下午配一次,第二天上午再配一次,间隔12小时;或上午(或下午)配一次,第二天上午(或下午)再配一次,间隔24小时。这种方式比单次配种的受胎率和产仔数都高。因为在母猪的整个排卵期内让输卵管内经常保持有活力的精子,可以使卵巢内先后排出的卵子都能得到受精的机会,在生产中,大多数猪场对经产母猪都采用这种方式。

Ⅲ.双重配:指在母猪的一个发情期内,用同一品种或不同品种的两头公猪,先后间隔10~20分钟各配一次。这种方法,能引起母猪强烈性兴奋,而使卵子加快成熟,缩短排卵时间,多排卵,使母猪多产仔;由于排卵时间缩短,卵子能在短时间内受精,仔猪发育整齐;由于卵子可选择两头公猪精液中最合适的一种精液受精,增加了受精卵的健全程度,仔猪生活力强。商品肉猪场可采用这种方式,种猪场、育种场不宜采用,以免造成血统混乱。

Ⅳ.多次配:指在母猪的一个发情期内,用同一头公猪交配3次或3次以上。3次配种适合于初产母猪或某些刚引入的国外品种。配种次数过多,造成公、母猪过于疲劳,从而影响性欲和精液品种,因此,应注意避免。

配种方法有本交和人工授精两种。让发情母猪与公猪直接交配叫本交。如果母猪和公猪的个体相差不大,一般交配没有困难。但是,如果母猪和公猪的体格相差很大,交配发生困难,就需要人工辅助了。应先将母猪赶到交配地点,然后赶入配种计划指定的公猪。让个体小的猪站在斜坡的高处,让个体大的站在低处。当公猪爬上母猪背上时,可把母猪的尾巴拉向一侧,以使公猪的阴茎顺利地插入母猪的阴道内,必要时可用手握住公猪包皮引导阴茎插入母猪阴道。然后根据公猪肛门附近肌肉的波动情况,判断公猪是否射精及射精时间的长短。母猪配种后应立即赶回原圈休息,以防精液倒流,或让母猪站在斜坡上,头部向下多待一会儿,再赶母猪回圈。配种后要及时做好配种记录,以作为饲养管理人员进行正确饲养管理的依据。

(5)母猪配种后的妊娠检查:母猪配种后是否妊娠,以早确定为好。如已妊娠,则应给予相应的饲养管理条件,促进胚胎的着床与发育;若没妊娠,应及时采取措施,促进发情,再行补配,防止空怀。

①早期妊娠期检查的方法

Ⅰ.看发情:在一切正常的情况下,母猪配种后,20多天不再出现发情,即认为已经基本配准;等到第二个发情期,仍不发情,就可认为已妊娠。个别母猪妊娠后,有时会表现发情症状,此种发情称作为假发情。

Ⅱ.看行动:凡配种后表现安静、贪睡、吃得很香、食量逐渐增加,容易上膘,皮毛日益光亮并紧贴身躯,性情变得温顺,行动稳重,阴户收缩,阴户下联合向内上方弯曲,腹部逐步膨大,即为妊娠的象征。

Ⅲ.验尿液:早晨采母猪尿10毫升,放试管内。猪尿的比重在1.1～1.025,如果尿液过浓,应加水稀释。一般母猪的尿呈碱性,应当加点醋酸,使它变成酸性,然后滴入碘酒,在酒精灯上慢慢加热。当尿液快烧开时,就出现颜色的变化。如果是妊娠母猪,尿液由上而下出现红色,由玫瑰红变为杨梅红,放在太阳光下看更明显;如果未妊娠,尿液呈淡黄色或褐绿色,尿液冷却后,颜色很快就消失。

②母猪假发情的防治措施:母猪配种后已怀孕,在下一个情期前又出现发情表现叫假发情。

要注意假发情与真发情的区别。假发情没有真发情那样明显,发情时间也短,一两天就过去了;将母猪哄起来,母猪的尾巴自然下垂或夹着尾巴走,而不是举尾摇摆;假发情的母猪不再让公猪爬跨。

为了防止母猪出现假发情,要加强母猪妊娠后期的饲养,营养要充足,使母猪达到九成膘以上;加强母猪泌乳初期的营养,使母猪在仔猪断奶后保持中等膘情;进行短期优饲,改善母猪配种前后和妊娠初期的营养状况,这是预防母猪假发情的根本措施。另外,预防和治疗母猪生殖道疾病,做好早春的防寒保温工作,多喂青绿多汁饲料,也是防止假发情的有效措施。

3. 妊娠母猪的饲养管理

(1)猪的妊娠期与胚胎发育:母猪从配种受胎到分娩这个过程叫妊娠。

母猪在妊娠期间,由于胎儿的生长发育,子宫及其他器官的发育,以及为了产后泌乳进行营养物质的贮备,体内的新陈代谢变得旺盛,食欲增加,消化力增强,毛光膘好,体重增加较快。母猪的妊娠期一般为111~117天,平均为114天。但其准确时间因品种、个体、饲养条件不同而有所差异,如母猪在产仔多和营养比较好的情况下,产仔会提前;若产仔少或营养条件较差时,妊娠期可能延长。

推算母猪预产期的简便方法两种:一种是"三、三、三"推算法,即母猪的妊娠期为3个月3周零3天,在配种时期上加上3个月3周零3天即成。例如,一头母猪是5月10日配种的,那么,5月＋3月＝8月,10日＋3×7日＋3日＝24,30日作为一个月,则预产期是9月4日。

另一种是"进四去六"推算法,就是在配种的月份上加4、在日

数上减去 6。仍用上例推算，5 月＋4 月＝9 月，10 日－6 日＝4
日，预产期也是 9 月 4 日，两种推算方法结果相同。

　　妊娠期胚胎的生长发育是有规律的。在妊娠初期，受精卵在
输卵管时期呈游离状态，以后向子宫方向移动，通过孕酮的作用，
受精卵附植于子宫角上，并在周围形成胎盘，这个过程需要 12～
24 天。受精卵在第 9～13 天内的附植初期，易受各种因素的影响
而死亡，这是胚胎死亡的第一个高峰期。到妊娠后 3 周，又有少量
胚胎死亡。妊娠后 60～70 天，胎盘停止生长，而胎儿此时生长发
育的速度加快，胎儿与胎盘在生长发育上产生矛盾，胎儿得不到充
足的营养，又有部分胎儿死亡。故一般母猪排出的卵子，大约有一
半能在分娩时成为活的仔猪。妊娠越接近后期，胎儿生长越快。
据测定，初生仔猪的体重，约有 60％是在妊娠最后的 20～30 天增
长的，所以加强母猪在妊娠末期的饲养管理是保证胎儿生长发育
的关键。据研究，影响胚胎死亡的因素很多，如遗传、排卵数与子
宫容积、子宫感染、体格大小、胎儿在子宫角内的位置、激素等。对
于遗传因素造成的死亡，在目前的情况下还无法挽救。但通过合
理的饲养管理，可以减少一些胚胎死亡。如在夏季，妊娠的前 3 周
保持环境凉爽，可以减少胚胎的死亡。

　　妊娠期内母猪的身体的变化也是有规律的，如胎儿发育时，母
体内可产生垂体前叶生长激素，这种激素对母体本身的蛋白质合
成有促进作用；胎儿的生长发育必须依靠母体供应营养，因此母猪
过肥都瘦都可影响胎儿。母猪在妊娠期间，前期比后期增重多。
妊娠前期受激素的影响，代谢率上升，处于"妊娠合成代谢"状态，
母猪表现为背膘增厚。到妊娠后期，由于胎儿发育迅速，而胎儿合
成代谢的效率又低，要消耗大量的能量，加上母猪腹腔容量变小而
降低了采食量，食入的营养满足不了支出的营养需要，势必动用妊
娠前期所贮存的营养，因此妊娠后期处于"降解代谢"状态。

　　(2)妊娠期营养水平的控制：母猪在妊娠期的营养水平要根据

其生理变化而调整。

①母猪妊娠期的两个关键时期

第一个关键时期：是在母猪妊娠后的20天左右。这个时期是胚胎逐渐形成胎盘的时期。在胎盘形成前，胚胎容易受到环境条件的影响，在饲养管理上要给予特殊的照顾。如果饲粮中营养物质不完善或饲料霉烂变质，就会影响胚胎的生长发育或发生中毒而死亡。如果饮了冰水或吃了冰冻饲料，母猪发生流产有时还不易发现。因此，妊娠初期的第一个月，应给予营养全面的日粮。至于日粮的数量，因这时期胚胎和母猪体重的增加较缓慢，不需要额外增加。

第二个关键时期：是在母猪妊娠期的90天以后。这个时期胎儿生长发育和增重特别迅速；母猪同化能力强，体重增加很快，所需营养物质显著增加。另外，由于胎儿体积增加迅速，子宫膨胀，消化器官受到挤压，消化机能受到影响。因此，这个时期要逐渐减少青、粗饲料，增加精饲料、特别是增加含蛋白质较多的饼类饲料，最好增加一部分动物性饲料。这样，才能既满足母猪体重和胎儿生长发育迅速增长的需要，又适应消化器官处在非常时期的特点。为做好保胎工作，严禁喂冰冻饲料和饮冰水。

②妊娠母猪的日粮：如果母猪在妊娠期内从日粮中得到的营养物质不全面或数量过少，不仅胚胎生长发育受影响，而且贮备的营养也少，对初产母猪来说，还会影响本身的生长发育。

妊娠母猪的日粮中的能量可适当地控制，这样既可以防止胚胎早期死亡，保持有较多的产仔数，又可使仔猪有较大的初生个体重。在限制能量水平的前提下，日粮中的蛋白质可保持在13%。日粮中蛋白质供应充足，母猪产仔多，仔猪初生重大，死胎、弱胎大大减少。鱼粉含必需氨基酸多而完全，有条件的话应注意供给。初配妊娠母猪由于本身还在生长发育，对蛋白质的需要比成年妊娠母猪高1/5～1/3。矿物质是保证母猪身体健康、胎儿生长发育所必需的,在母猪妊娠期间必须补充常量和微量元素,以保证母猪能产出更多、更健壮的仔猪。维生素是保证母猪健康和促进胎儿生长发育所必需的营养物质,缺乏时,会使母猪繁殖机能下降、产仔数减少、仔猪畸形等。因此,常年不断地供应青绿多汁饲料是十分必要的,冬季和早春当青绿多汁饲料供应不足时,可考虑补充多种维生素成品。

青贮饲料酸度大,带有一定的刺激性,妊娠中期应少喂,妊娠后期应不喂。酒糟中仍残留有一定量的酒精,也不要喂妊娠中后期的母猪,以防引起母猪死胎、流产等。

③妊娠母猪的饲养方式:根据妊娠母猪的体况和生理特点,以及胚胎生长发育的规律,一般采用3种饲养方式。

Ⅰ.“抓两头带中间”的饲养方式:这种方式适合于配种时较瘦弱的经产母猪。一般在母猪妊娠后的20～40天以内,适当增加含蛋白质较多的精饲料,使母猪尽快恢复体力。妊娠中期的41～90天,由于胚胎生长发育和母猪的体重增加较慢,日粮可改为质量较好的青粗饲料为主,这样不会产生多大影响。到妊娠后期的91～114天,胎儿生长非常迅速,母猪本身需要的营养物质也多,此时应把精料增加到最大量。这样,在整个妊娠期间就形成了一个“高—低—高”的营养水平。妊娠后期的营养水平要高于妊娠前期。

Ⅱ.“步步登高”的饲养方式:这种饲养方式适合于初产母猪和繁殖力特别高的母猪。因为初产母猪不仅要维持胚胎的营养需要,而且还有本身的生长发育的营养需要。繁殖力高的母猪不仅胚胎需要的营养多,而且还要为泌乳做好充分的贮备。因此,在整个妊娠期内的营养水平,是随胚胎的发育和母猪的增重而逐步提高的,到妊娠后期增加到最高水平。妊娠初期,质量好的青粗料可多些,以后逐渐增加精饲料的比例,整个妊娠期间应注意蛋白质和矿物质饲料的供给,到产前10天日粮可适当减少。

　　Ⅲ."前粗后精"的饲养方式:这种饲养方式适用于膘情较好的经产母猪。因为妊娠前期胚胎发育慢,母猪膘情又好,且母猪处于"合成代谢"状态,就不需要另外增加营养,日粮可以青粗饲料为主。到妊娠后期,为满足胚胎迅速生长的需要,且母猪又处于"降解代谢"状态,因此,应适当增加部分精料。在整个妊娠期间形成了"低—高"的营养水平。

　　④妊娠母猪的饲养技术:妊娠母猪的饲料必须保证质量,饲料的种类不能频繁变换或突然改变。日粮有一定体积,可使母猪有饱腹感,又不会压迫胎儿。日粮的给予量可按每 100 千克体重供给 1.5～2.0 千克干物质。饲料中可适当增加一些麸皮,以防母猪便秘;严禁喂发霉、变质和有毒的饲料;3 个月后要限制青绿多汁饲料和粗饲料的供给。提倡喂稠粥料,也可喂干粉料,但必须有充足的清洁的饮水。一般妊娠前期每日喂 2 次,妊娠后期每日喂 3 次。妊娠母猪的日粮配方参见表 7-5。

表 7-5　妊娠母猪饲粮配方

饲料	妊娠前期(%)	妊娠后期(%)
黄玉米	35	35
豆饼	5	10
大麦	5	5
麸皮	5	5
粉渣	20	20
青贮饲料	30	25
每日每头喂量(千克)	5.0	5.88
折风干料(千克)	2.0	2.5
含消化能(兆焦)	22.34	28.91
含可消化粗蛋白质(克)	169	241

（3）妊娠母猪的管理要点：母猪妊娠期的管理工作也很重要，其中心任务是保胎，防止母猪流产。

①注意运动。母猪妊娠后，一般吃得多、贪睡，开始要让它吃好、休息好，少运动。一个月后要适当运动，以增强体质，并有利于胎儿的正常生长发育和防止难产。

②猪舍冬暖夏凉。母猪舍适宜的温度是 15～20℃，气温在5℃以下时，圈内要铺垫草，尤其是水泥地面容易使母猪受寒而流产，要特别注意。

③严禁追打。要防止追赶或冷鞭抽打，以免造成流产。

④实行单圈饲养。在妊娠前期一个圈内可养 2～3 头母猪，但要注意每头母猪的体重、年龄、性情和妊娠期要大致相同，防止咬架。到产前一个月应以单圈饲养为宜。

⑤圈内要干燥，猪圈要平坦、清洁、干燥，不可过滑或过于泥泞。

⑥做好疾病防治，以免由于高烧、体表奇痒等原因而造成流产。

4. 哺乳母猪的饲养管理

（1）接产前的准备：为使母猪的分娩更加顺利，得到健壮的仔猪，产前必须做好充分的准备，以免接产时手忙脚乱。

①产房的准备：产房要求温暖干燥、清洁卫生、舒适安静。产前 5～7 天打扫干净，再用 3％～5％ 的石炭酸或 2％～3％ 的来苏儿等喷洒消毒，墙壁粉刷白灰，地面铺干净的垫草。

②用具和药品的准备：用品如记录表格、灯、接产箱、擦布、剪子、5％ 的碘酒、2％～5％ 的来苏儿、结扎线（泡在 5％ 的碘酒中）、秤、耳号钳等，要准备齐全。

③猪体的准备：要先清扫猪体或擦洗乳房和阴门附近，再用 2％～5％ 的来苏儿消毒，产前 3～5 天送入产房。

④产前对母猪的护理:对膘情好的母猪在产前3~5天减料,并停止喂青绿多汁饲料,以防止乳房炎或因母猪产后的乳汁过浓而使仔猪拉稀。对膘情和乳房发育不好的母猪,反而要加喂一些蛋白质饲料。

⑤母猪的临产症状:临近预产期前要注意观察母猪症状,以确定产期,做好准备工作。

产前5~7天,母猪乳房膨大,两行乳头呈"八"字形分开,皮肤紧张,初产母猪的乳房还发红发亮。

产前3~5天,母猪的阴唇柔软、肿胀、光滑。

产前1天,前面的乳头能挤出乳汁;产前6~10小时,最后一对乳头能挤出乳汁;随后母猪起卧不安,频频排尿,群众说是"拉零碎屎,排滴嗒尿",还衔草絮窝;如躺卧不动,阴户排出羊水,表明很快就要产仔了。

(2)接产

①接产方法:仔猪产出后,要马上用食指抠出仔猪嘴和鼻子里的黏液,并用毛巾擦净,然后用毛巾将仔猪全身擦干。擦干羊水,是为了防止水分迅速蒸发而降低仔猪体温。在剪断脐带前,用手指把脐带里的血往仔猪方向挤,然后在离仔猪腹部5厘米处剪断。用碘酒消毒脐带的断端,3~5天后脐带会自然脱落。若脐带流血不止,应立即用消毒过的扎线扎紧脐带断端。消毒后称重、打耳号、剪乳牙、登记,再将仔猪放进产仔箱里。

②仔猪吃初乳:如产仔顺利,产完后可一起让仔猪吃初乳。如果产仔时间拉得过长,可分批让仔猪吃初乳。

③假死仔猪的急救:有的仔猪由于各种原因出生后不能呼吸,但其心脏还在跳动,这种仔猪叫做"假死"仔猪,对这样的仔猪应进行抢救。抢救方法有以下几种。

Ⅰ.人工呼吸法:把仔猪放花垫草上,四肢朝上,用手屈伸两前肢,直到仔猪发出叫声。

Ⅱ.吹气法:向仔猪鼻内和嘴内用力吹气,促其呼吸。

Ⅲ.拍打法:提起仔猪的后腿,用手轻轻拍打仔猪的胸部和背部,使其发声。

另外,如果仔猪产出后羊膜还没破裂,应当及时把羊膜撕破。

④助产:由于母猪过瘦或过肥等多种原因而发生难产,需要人工助产。助产的方法,一是推,即用双手托住母猪的后腹部,随着母猪的努责,向臀部方向用适当的力推;二是拉,见仔猪出、进时,可用手抓住仔猪的头或腿,随着母猪的努责向外拉;三是掏,可用手(指甲要剪短磨光并消毒)慢慢伸入产道内,先校正仔猪的胎位、胎势、胎向等情况,然后向外掏仔猪,掏后用手把 40 万单位青霉素抹入阴道内,防止患阴道炎;四是注,肌内注射催产素 1~2 毫升。以上措施不解决问题时,找兽医做剖腹产。

产仔结束后,用来苏儿或高锰酸钾水擦洗阴户或乳房,同时清理产房,换垫草,并训练仔猪固定乳头吃奶。

(3)母猪的产后护理:母猪在分娩过程中要损失体液,还要消耗很大的体力,要注意护理。

如果分娩时间过长,要喂些稀的热麸皮盐水,补充体力和防止母猪因口渴而吃仔猪。

母猪分娩后,身体疲乏,口渴、不想吃食,不愿活动,这时给热麸皮盐水,不可喂给大量的精饲料,防止消化不良或乳汁过浓而造成乳房炎和仔猪拉稀;产后第 2~3 天根据母猪的情况再逐渐增加精料;产后一周左右可进入正常饲养。如果母猪体弱或膘情较差,产后奶少或无奶,产后第二天就应增加精料,尤其是饼类饲类,最好加些鱼粉等动物性饲料。

分娩后 3~4 天,母猪体弱,只可在圈内活动和休息,要特别照顾,以后天好,可再让母猪到舍外活动。

(4)母猪泌乳期的饲养:加强母猪泌乳期的饲养,提高泌乳力,是增加泌乳量的关键,是培育好仔猪的基础。

①预防顶食。消化力弱,食欲不好,不应多喂精料。如喂料过多,不易消化,容易发生"顶食"。顶食后几天不吃食,泌乳突然减少,仔猪食乳不足,严重时会造成死亡。防止顶食的办法,主要是产后一周控制精料量,喂稀食,要有一定的青料,防止便秘。

②增加精料的供给。母猪在哺乳期,物质代谢比空怀母猪高得多,因此,要增加精料的供给,提高营养水平。一般说,体重180~220千克重的母猪,每日每头喂混合料5.5~6.0千克为宜。蛋白质的合理供给对提高泌乳量有着决定性的作用,一般饲料中粗蛋白质的含量应为15%左右。有条件可加喂些煮熟的胎衣、小鱼、小虾、鱼粉等;还可加入适量的工业氨基酸,提高蛋白质的生物学价值。矿物质的缺乏,也会降低泌乳量,因此,饲料中的骨粉、贝粉可占2%或稍多些,食盐可为1%。维生素对泌乳量和乳的质量也是很重要的,应当多给些青绿多汁饲料。水是乳汁中的主要成分,约占80%,因此要供给充足的饮水。哺乳母猪的日粮配方参见表7-6。

表7-6　哺乳母猪饲粮配方

饲料	配合比例(%)	饲粮重量及营养含量
黄玉米	40	每日每头喂量:6.95千克
豆饼	12	折风干料:4.5千克
大麦	5	含消化能:60.67兆焦
高粱	10	含可消化粗蛋白质:573克
麸皮	8	
粉渣	10	
青贮玉米	8	
鱼粉	7	

注:另加骨粉2%,食盐0.5%

③哺乳母猪的饲养方式：对哺乳母猪可采用前精后粗和一贯加强的两种饲养方式。

对于一些体质瘦弱的经产母猪，一般采用前精后粗的饲养方式。因为哺乳的头一个月为泌乳旺期，母猪失重也较大，采取前精后粗的饲养方式，既能满足泌乳的需要，也能补偿失重的营养需要。

对初产母猪或哺乳期配种的母猪，则应采用一贯加强的饲养方式。因为初产母猪本身的发育还需营养，哺乳期配种的母猪有泌乳和育儿的双重任务，故整个哺乳期均应保持较高的营养水平。

④对母猪无奶或奶水不足的处理：母猪产后因营养不良或管理不当等方面的原因，可能会出现无奶或奶水不足的情况，应及时解决。除了加强饲养管理外，还可喂些小米粥、豆浆、胎衣汤、鱼虾汤、羊奶等进行催奶，或者使用药物催奶。

（5）母猪泌乳期的管理：对哺乳母猪的管理，重要的是保护母猪的乳房，防止乳房损伤，如有损伤，应及时处理。冬季，圈内多铺些垫草，保持其舒适温暖，不要冻伤乳房。每天的工作程序应有条不紊，要保持安静、清洁干燥，使母猪有一个正常的泌乳环境。

哺乳母猪的断奶时间，根据现有的饲料及饲养管理条件，产后28～45天断奶较为适宜。断奶过早，母猪的泌乳高峰尚未达到，仔猪消化机能不强，还不能消化植物性饲料，母猪的生殖器官也没有恢复正常，即使配种受胎率也不会高，胚胎发育也不会好。因此，产后3周前配种是不适宜的。

5.空怀母猪的饲养管理

母猪从仔猪断奶到再次发情配种这段时间称作为空怀期。加强这个时期的饲养管理，就能使母猪正常发情、排出数量多且质量好的卵子，使其多胎、高产。

（1）空怀母猪的饲养：加强饲养，迅速地增膘复壮，是这个时期的主要任务。

①短期优饲:对断奶后瘦弱的母猪,可采用"短期优饲"的方法,即在受胎前给予的营养水平高些。因为这样的母猪在断奶后不能正常发情、排卵,短期优饲的目的在于让其较快地恢复膘情,并能较早地发情、排卵并接受交配,优饲的时间大约在 1 个月。

②满足营养的需要:各种营养的供给充分,可使母猪排卵多,卵子发育好,个大、营养全。这样的卵子易受精,受精后也能正常发育。所以,空怀母猪一般要求日粮中蛋白质占 12%,还应补充钙和多种维生素。每头母猪每天可供 4~5 千克多汁饲料或 5~10 千克青绿饲料。应增加过瘦母猪的饲喂次数。对过肥母猪,应多喂些青粗饲料,以便拉膘,使其及时发情。

(2)空怀母猪的管理:正确地管理也是使母猪及时发情的重要方面。实践证明,阳光、新鲜空气和适当地运动对促进母猪发情和排卵有很大的好处。因此,舍内要清洁、干燥、温暖。膘情好的母猪要增加舍外活动的时间,可进行放牧,既进行了运动,又呼吸到了新鲜空气,还能进行日光浴,这对于母猪的及时发情意义很大。

6.猪的人工授精技术

(1)种公猪的调教训练:初次用假母猪采精的公猪必须先进行训练,方可进行采精。训练前不让其接近母猪,并培养种公猪接近人的习惯,还应加强种公猪的饲养管理。训练的场地要固定,不宜经常变动,并要保持环境的安静,使种公猪容易形成条件反射,这样训练容易成功。

①假母猪的制作:假母猪又称采精架,它是模仿母猪的大致轮廓,以木质支架为基础而制成的。要求牢固、光滑、柔软、高低适中、方便实用,对外形要求不严格。一般用一根直径 20 厘米、长110~120 厘米的圆木,两端削成弧形,装上腿,埋入地下固定。在木头上铺一层稻草或草袋子,再覆盖一张熟过的猪皮。组装好的

假母猪后躯高 55～65 厘米,前躯高 45～55 厘米,呈前低后高,前后高度差 10 厘米。

②种公猪的调教训练方法:训练种公猪采精的方法主要有以下几种:

Ⅰ. 在假母猪后躯涂抹发情母猪的尿液或其阴道黏液,公猪嗅其气味会引起性欲并爬跨假母猪,一般经几次训练后即可成功。若公猪无性欲表现,不爬跨时,可马上赶一头发情旺盛的母猪到假母猪旁引起公猪性欲,当公猪性欲极度旺盛时,再将发情母猪赶走,让公猪重新爬跨假母猪而采精,一般都能训练成功。

Ⅱ. 在假母猪旁边放一头发情母猪,两者都盖上麻袋,并在假母猪上涂以发情母猪的尿液。先让公猪爬跨发情母猪,但不让交配,而把其拉下来,这样爬上去,拉下来,反复多次,待公猪性欲高度旺盛时,迅速赶走母猪,诱其爬跨假母猪采精。

Ⅲ. 让公猪看另一头已训练好的公猪爬跨假母猪,然后诱其爬跨。

在训练过程中,要反复进行,耐心诱导,以便建立巩固的条件反射,切忌强迫、抽打、恐吓等,否则公猪会发生性抑制而造成训练困难。另外,还要注意人畜安全。

(2)种公猪精液的采集

①采精前的准备:主要包括采精场地的准备和采精所需器械的准备。采精宜在室内进行,采精室应明亮、宁静;地面平整,便于冲洗和消毒,但不宜过于光滑;紧靠精液检验室,以便及时把采到的精液通过拉窗递进检验室进行检验;采精室内应安装照明灯、电风扇、紫外线灯等,室内设有采精架(假母猪或台猪),在公猪爬跨采精架一端的地面应安装木踏板,以起到防滑和护蹄作用。在检验室内应将集精杯的保温套及消毒过的集精杯、玻棒或吸管、温度计、纱布(2～4 层)、乳胶手套与羊用假阴道内胎等放置于 40℃ 的恒温箱中预热(夏天例外)。显微镜要先调好焦距,镜检箱的温度

应保持 35～37℃,载玻片和盖玻片应放在镜检箱内预热。镜检箱边要有擦镜纸、pH 试纸,采精记录表、钢笔,并在实验台上准备好卡那霉素等抗生素。把消毒好的稀释液放进水浴锅和恒温箱中预热,稀释液的 pH 值以 6.5～6.8 为宜。在整个准备过程中应注意无菌操作,消毒过的器械不可污染,一切准备就绪后即可进行采精。

②采精方法:精液的质量虽然主要取决于种公猪本身,但也受到采精操作规程的制约。如在采精过程中违反了操作规程或忽视了卫生环境,即使是优秀的种公猪,其精液的质量仍然会受到影响。因此,采精必须由熟练的且相对固定的技术人员操作,而且还要配备足够的实验室设备。

采精员先把种公猪驱赶到运动场排粪、排尿,然后赶到采精室。当种公猪爬上采精架后,首先挤出包皮内残留尿液,除去腹部的污垢,用现配的高锰酸钾温水浸湿毛巾,自包皮口向后单向擦拭,擦过一遍后将湿毛巾叠起,再用另一干净面擦第二遍,切忌来回擦拭,以免重复污染。然后用灭菌干毛巾擦干即可正式采精。采精的方法主要有以下两种:

Ⅰ.手握法:在生产实践中用得较多的是手握法,因为此种方法操作简便,采得的精液品质较好。采精前,先消毒好采精所用的器械,并用 4～5 层纱布放在采精杯上备用。采精者应先剪平指甲,清洗消毒,也可以戴上消毒过的胶皮手套。另外,还要用 0.1% 的高锰酸钾溶液消毒一下公猪的包皮及其周围皮肤并擦干。采精员蹲在假母猪的右后方,待公猪爬上假母猪、伸出阴茎时,立即把左手手心向下握成空拳,让公猪阴茎自行插入拳内,不要用手去抓阴茎。当龟头尖露出拳外半厘米左右时,立即握住阴茎前端的螺旋部,不让阴茎来回抽动,并顺势小心地把阴茎全部拉出包皮外,拳握阴茎的松紧度以不让阴茎滑掉为宜。注意不要把阴毛一起抓,也不能握得太紧,否则采得的精液很稀;也不能过松,使阴茎滑出拳外而造成损伤。另外，拇指轻轻顶住并按摩阴茎前端，可增加公猪快感，当公猪射精时，左手应有节奏地一松一紧地捏动，以刺激公猪充分射精。一般先去掉最先射出的混有尿液等污物的精液，待射出乳白色精液时，再用右手持集精瓶收集。当排胶样凝块时用手排除。

Ⅱ. 假阴道法：假阴道采精法是模拟母猪的阴道条件而让公猪交配射精。采精前，先安装好消过毒的假阴道，并在假阴道内用漏斗灌入 400～500 毫升温水，以调节内胎温度到 39～40℃，一般年轻公猪要求偏低，老年公猪要求偏高。再用双连球打气，调节好适宜的压力，要求松紧适度。最后用消毒过的长玻璃棒蘸取灭菌的润滑剂（凡士林 2 份加石蜡 1 份调制而成）均匀地涂于内胎内壁，以调节润滑度，便于阴茎插入。采精时，采精者右手紧握假阴道蹲在假母猪右侧，当公猪爬上假母猪伸出阴茎时，采精者用左手托住包皮，使阴茎自然地伸入假阴道内，而不可用假阴道去套阴茎。一般要求阴道前端稍向下倾斜，以利于精液流入集精杯中。采精时，也可以用双连球调节压力，使假阴道有节奏的搏动，增加公猪快感，促其射精。采精完毕后，应让公猪休息一段时间再回圈，并要及时洗净采精器械。

(3)精液的品质检查：为了保证输精后有较高的受精率和较多的产仔数，每次采精后和输精前必须进行精液品质检查。

在进行精液品质检查时，新鲜精液要注意保温，保存的精液要缓慢升温，而且要轻轻振动，以补充氧气。操作要迅速、准确，操作过程不能使精液品质受到影响。取样要有代表性，因为死、活精子，精子与精清的比重不同，取样时要先摇匀，而且最好一次取两个样品检查。评定精液品质的主要指标是：

①射精量：将采取的精液用 4～6 层消毒纱布过滤后，放在有刻度的集精杯中测出。

②颜色：正常精液为乳白色或灰白色，混有尿液的呈黄褐色，

混有血液的呈淡红色,若有脓汁则呈黄绿色。这些精液都不能用。

③气味:正常精液有一种特殊的腥味,新鲜精液较浓。有臭味等异味的精液不能使用。

④密度:滴一滴精液放在载玻片上,轻轻盖上盖玻片,在 300 倍左右的显微镜下观察,如果整个视野中布满精子,则为"密"。若视野中可以看见单个精子活动,彼此之间的距离约等于一个精子的长度,则为"中";若在视野中分布稀疏,空隙很大,精子间的距离超过一个精子的长度,则为"稀"。

⑤活力:指精子活动的能力。精子的活动有直线前进、旋转、原地摆动三种,以直线前进的精子活力最强。检查时,先在载玻片上滴一滴精液,再轻轻盖上盖玻片,不要产生气泡。置于 300 倍左右的显微镜下观察,用视野中呈直线前进运动的精子数占视野中精子的估计百分比来表示精子活力。一般用于输精的精子活力要求在 50% 以上。注意保存后的精液要先经 1.5~2 小时的振荡充氧,使之恢复活力后方可检查。

(4)精液的稀释:稀释猪精液的目的是扩大容量,补充能耗,有利于保存和运输。其稀释液的种类很多,如鲜奶稀释液、奶粉稀释液、葡萄糖-柠檬酸盐-卵黄稀释液、葡萄糖-碳酸氢钠-蛋黄稀释液等,其配制方法如下:

①鲜奶稀释液:将牛奶用三层纱布过滤 2 次,装入三角烧杯中,置于水锅中煮沸消毒 10~15 分钟,取出冷却后除去乳皮,即可应用。

②奶粉稀释液:称取奶粉 1 份,加蒸馏水 10 份,充分搅匀,使奶粉全部溶解,再装入瓶或杯内,隔水加温至 70℃,经 30 分钟,冷却后即可使用。如加入 0.3% 氨苯磺胺则效果更好。

③葡萄糖-柠檬酸盐-卵黄稀释液:无水葡萄糖 5.0 克,柠檬酸钠 0.5 克,新鲜蛋黄 3.0 毫升,蒸馏水 100 毫升。

④葡萄糖-碳酸氢钠-蛋黄稀释液:无水葡萄糖 3.0 克,碳酸氢

钠 0.15 克,蒸馏水 30.0 毫升,青霉素 1000 国际单位/毫升,链霉素 1 毫克/毫升。

　　稀释液要现用现配,稀释过程中要注意:稀释液的温度与精液的温度相等;稀释液应沿杯壁徐徐加入,与精液混合均匀,切勿剧烈振荡;要避免直射阳光、药味、烟味等对精子产生不良影响;操作室的温度应保持在 18~25℃;精液稀释后应立即分装保存,尽量减少能耗;猪的精液以稀释 2~4 倍为宜,保证母猪每次输精的精子数为 50 亿~110 亿个,输精量为 30~50 毫升。

　　(5)精液的保存和运输:精液贮存的目的是为了延长精子的存活时间,扩大精液的使用范围。由于猪的精液量大,低温或冷冻保存的设备要求严,成本高,而且保存效果不理想,所以一般采用常温保存。

　　常温保存是将稀释后的精液保存在 15~20℃或接近于这一温度范围内,所以又称室温保存。其基本原理主要是利用弱酸环境来抑制精子的运动,减少能耗。但常温保存有利于微生物的生长,因此必须加入适量的抗生素。

　　常温保存的方法:将稀释好的精液按一次的输精量分装在小瓶内,要求装满,以防振荡和产生气泡。瓶口周围要加蜡密封,以隔绝空气并防止进水,然后放入塑料袋内,扎紧袋口,在室温下静置 1~2 小时后,再放入预先盛有冷水的广口瓶中保存。夏天瓶内冷水应早、晚各换一次,以免保存温度上升。也可把包装好的精液放在铁盒或竹筒内,用绳子系着,沉于旱井(约 3 米深)或放在地窖里保存。主要是利用旱井或地窖里冬暖夏凉的小气候,以达到常温保存的目的。

　　精液在运输途中必须注意防止温度发生变化,并尽量避免振荡。可把瓶口封严后,放入塑料袋内,把口扎紧,外面包以棉花、纱布或毛巾,放入盛有冰块的保温瓶中或能隔热的水箱中运输。如果没有冰块,可用冷水浸过的毛巾代替。若是冬天,则可在保温瓶中放几瓶温水,中间放绵纱,棉纱上再放分装好的精液。千万要注意不可让精液直接与冰块或温水接触,以免影响贮存和运输的效果。

(6)输精:输精是人工授精的最后一个技术环节,适时准确地把一定量优质精液输到发情母猪生殖道内适当部位,是保证得到较高受胎率、提高产仔数的关键。

猪的输精器由一只 50 毫升注射器连接一条橡皮输精管组成。输精前,要对所有输精器械进行彻底洗涤,严密消毒,最后用稀释液冲洗。一般器械可以用蒸煮法消毒。母猪外阴部用 0.1% 高锰酸钾或 1/3000 新洁尔灭清洗消毒。冷冻精液必须先升温解冻,经检验质量合格的方可用于输精,一般要求解冻后的活力不得低于 30%。新鲜精液、常温或低温保存的精液镜检活力要在 60% 以上,温度低时,要升温到 35℃。

输精时,先用已消毒过的注射器吸取合格精液 20 毫升左右(技术熟练的可用 10~15 毫升输精量),排出空气。让母猪自然站稳,并在输精胶管前端涂以少许精液使之润滑。注入时,首先用左手将阴唇张开,再将输精管插入阴道,先向上方轻轻插入 10 厘米左右,以免损伤尿道口,再沿水平方向进行,边旋转输精管,边抽送,边插入。待插进 25~30 厘米感到插不进时,稍稍向外拉出一点,借压力或推力缓慢注入精液,如注入精液有阻力或发生倒流时,应再抽送输精管,左右旋转再压入。一般输精时间为 2~5 分钟,输精不宜太快。输精完毕,缓慢抽出输精管,然后用手按压母猪腰部,以免母猪弓腰收腹,造成精液倒流。另外,在输精过程中,可用手按压母猪臀部或乳房、阴蒂,刺激十字部,增加母猪快感,并可抬高臀部,以利于输精,也防止了母猪逃跑现象的发生。

总之,输精动作可概括为 8 个字,即"轻插、适深、慢注、缓出"。每个发情期应尽量输精 2 次,间隔 12~20 小时。

（二）培育仔猪的关键性技术有哪些

1.仔猪的护理与补饲

（1）仔猪的护理：一般母猪产活仔猪数为10头左右，而断乳成活数多在7～8头。在整个哺乳期死亡2～3头，其中死亡于生后一周内占死亡数的60%左右。死亡的主要原因是冻死、压死、饿死和下痢死亡。因此，仔猪生后一周内的主要管理工作是保温防压，使仔猪吃足初乳，固定好乳头，及时补铁，并解决好母猪无奶、寡产、死亡和多产仔猪等一些问题。

①吃足初乳，固定乳头。母猪产后几天所分泌的乳汁叫做初乳。初乳中含有丰富的蛋白质、维生素和免疫抗体、镁盐等，具有轻泻作用，能促使胎粪的排除。初乳中的营养物质在小肠内几乎能全部吸收，如果仔猪吃不到初乳则很难成活，所以初乳的作用是常乳无法取代的。

初生仔猪开始吃乳时，常互相争夺乳头，强壮的仔猪往往占据前边奶水充足的乳头，并且有固定乳头吃奶的习性，一旦固定下来，一般到断奶都不更换。为保证全窝仔猪都能均匀发育，可用人工固定乳头的办法，把初生重小、发育较差的仔猪固定在前面几对奶水多的乳头上，这样既可以减少弱小仔猪的死亡，使全窝仔猪发育匀称，又可以防止因仔猪争夺乳头而互相咬架或咬伤母猪乳头。如果仔猪少，乳头多，可让仔猪允食两个乳头的乳汁，既有利于仔猪，又不留空乳头，利于母猪乳腺的发育。如果仔猪多，乳头少，可采取找"保姆猪"的办法，把多余的仔猪寄养出去。

②保温预寒，防止压死、压伤。冬、春季分娩的仔猪死亡的主要原因是冻死或被母猪压死。仔猪的适宜温度是：生后1～3日龄30～32℃，4～7日龄28～30℃，15～30日龄22～25℃。保温措施

很多,可根据各地具体条件因地制宜。如调节产仔季节,避开寒冷季节产仔;北方如采取全年产仔制,应设产房,堵寒风洞,增设红外线灯等供热设备、加铺垫草、保持栏舍干燥等。

由于初生仔猪活动不灵活,如母猪体大笨重,行动迟缓,产后疲倦,或母性较差等常易压死仔猪。防护措施有:保持舍内适宜温度,防止仔猪因为怕冷爱钻到母猪肚皮底下或垫草堆内而被母猪压死;在产后一周内加强看管,特别是母猪吃食或排泄后回去躺卧时要留心;保持环境安静,避免突然音响使母猪受惊而踩压仔猪;可在猪圈内一侧或一角设置护仔间或护仔栏架,让母猪隔开睡觉。

③及时补铁,滴喂稀盐酸和胃蛋白酶。从仔猪生后1～2天起开始补铁。其方法有:每头肌内注射150毫克铁制剂;口服铁制剂或涂于母猪乳头上,让仔猪吮食;在2～3日龄内,每头仔猪口服1～2滴0.5%的稀盐酸和胃蛋白酶,以避免仔猪贫血,增强仔猪的消化机能和防病能力,提高其断奶体重。

④做好防病工作,主要是预防仔猪下痢。仔猪下痢多发于生后3～7日龄,尤以7日龄以内拉黄痢最为严重,死亡率较高。引起的原因比较复杂,如天气骤变,气温变化大;乳汁过浓,脂肪含量过高不易消化;母猪饲料突然变化引起乳汁改变;栏舍潮湿,不卫生;供水不足或饮脏水、尿液等。应根据致病原因及早采取预防、治疗措施。

(2)初生仔猪的寄养和人工补乳

①初生仔猪的寄养:如果母猪产后无奶或因故死亡,或产仔数超过乳头,这时需要进行仔猪的寄养。在仔猪寄养过程中容易出现两个问题,必须解决好。

第一种情况是,寄养仔猪不吮"保姆"猪的乳头。这种情况常发生于仔猪出生数日后的寄养,解决的办法是把寄养仔猪隔离母乳2～3小时,等到仔猪感到非常饥饿时,就会自己寻找"保姆"猪的空余乳头吮乳。但也有宁死不吮"保姆"猪乳的仔猪,遇到这种情况可强制其吮乳,即当"保姆"猪放奶时,把"保姆"猪空余乳头放在仔猪嘴里,挤乳给仔猪吃,重复数次后,仔猪吃到了甜头,就会自动吮乳。

第二种情况是"保姆"猪不让寄养仔猪吮乳,解决的办法是把"保姆"猪产仔时的胎衣、羊水或垫草、尿液擦在仔猪身上;也可把"保姆"猪亲生的仔猪与寄养仔猪放在一起2~3小时;还可以用少量白酒或酒精喷入母猪鼻孔和仔猪身上。以上三种方法都能干扰母猪嗅觉辨别能力。

②初生仔猪人工补乳:若找不到"保姆"猪时,可人工补乳。其方法是:用易消化、营养与母乳相似的原料配制成代乳品,将代乳品装放在容器内,安上假乳头,引诱仔猪哺乳,或装入特制的容器内,诱其饮用。常用的代乳品配方有:

Ⅰ.鲜牛奶或羊奶1000毫升、葡萄糖或庶糖60克、硫酸亚铁2.5克、硫酸铜和硫酸镁各20克、碘化钾0.02克,煮沸后冷却至50℃时,打入鸡蛋1个,加入鱼肝油1毫升、土霉素粉0.5克,多维素0.1克,搅均后,立即补乳。

Ⅱ.炒小麦粉50%、炒大豆粉17%、淡鱼粉或蚕蛹粉12%、脱脂奶粉10%、酵母粉4%、胃蛋白酶1%、葡萄糖或蔗糖4%、骨粉1%、食盐0.5%、微量元素0.5%,补饲时用热水调成乳状,滴1~2滴鱼肝油、稀盐酸,加入适量胃蛋白酶、多维素、土霉素。

Ⅲ.乳豆500克、淡鱼粉或蚕蛹粉100克、酵母粉50克、葡萄糖或蔗糖100克、胃蛋白酶5克、生长素10克、氯化胆碱1克、乳康生5克、多维素1克、温水2000毫升,打入鸡蛋1个,滴入鱼肝油7~8滴、稀盐酸2~3滴,混匀后即补用。

代乳品补乳的时间和数量:开始每1~2小时一次,每次40~50毫升;5天后每3小时一次,每次250毫升,晚上2~4小时一次,每次50~300毫升。补乳时要根据仔猪哺乳规律,采用少给勤补的办法,保证补乳容器及假乳头的清洁卫生,保持人工乳适宜的温度。

（3）仔猪补料

①补料时间：母猪的泌乳量在产后3周达到高峰，以后逐渐减少，而仔猪随体重的增长对营养的需求不断增加，如果不及时补料，就会阻碍仔猪的生长发育，因此要提早给仔猪补料。一般从7～10日龄开始引食，以便母猪泌乳量下降时仔猪能习惯按顿吃料。

②补料方法

Ⅰ. 设补料间或补料栏：补料间或栏内要清洁卫生，光照充足，温度适宜，内设长、高适宜的料槽；补料栏要靠近母猪食槽，出入口多，母猪进不去。

Ⅱ. 诱导仔猪采食：仔猪6～7日龄后开始长牙，牙床发痒，这时仔猪爱拱咬地面上的东西，特别喜欢咬垫草、食槽等较坚硬的东西，可以利用这一特点来诱导仔猪开食。方法是在补饲间或栏内地面上撒一些炒得焦香的熟玉米、熟高粱、熟小麦等让仔猪拱食，2周龄后逐渐换成配合饲料。饲料要香甜适口，营养全面，品种稳定，容易消化。

Ⅲ. 合理饲喂：为使仔猪消化道有规律地活动，促进消化液的分泌，提高仔猪的消化力，要采取定时定量的办法来补料。一般开始补料时每天3～4次，待仔猪学会吃料后，即可逐渐增加到每天5～6次，或采取自由采食的办法。

饲料以干粉料、颗粒料为好。在一般情况下，一个哺乳期每头仔猪约需全价配合料12～15千克，其中绝大部分用于45～60日龄阶段。

仔猪不同日龄的补料量：20～30日龄为100克/日；30～40日龄为150～200克/日；40～50日龄为300～400克/日；50～60日龄为600～800克/日。

（4）仔猪饲粮的配制：若补料顺利，仔猪在3周龄即开大量采食饲料,这时仍用玉米或高粱粒等谷类饲料,就不能满足仔猪对各种营养的需要,必须改用全价配合料。配合料要求是高能量、高蛋白质、营养全面、适口性好、容易消化。具体配合要求是:能量高,每千克配合料含消化能 12.97 兆焦以上,糠麸类占配合料的比例在 10% 以内,粮饼类和动物性饲料占 90% 左右;蛋白质水平要高,品质要好,配合料中粗蛋白质含量不低于 18%,即配合料中要有 20% 饼类和 5%～8% 的动物性饲料(鱼粉、血粉、蛹粉等);配合料应包含 1.5% 的贝骨粉(贝粉占 2/3,骨粉占 1/3)和 0.3%～0.5% 的食盐。配合料中掺入复合维生素和微量元素添加剂能显著提高增重和饲料利用率。下列饲粮配方(见表 7-7)可供参考。

(5)仔猪饮水:为了帮助仔猪消化乳脂和饲料,防止口渴喝污水,从仔猪 3～5 日龄起,水槽内要保持有清洁的饮水,让仔猪自由饮用。水槽要经常洗刷,保持清洁卫生。

2. 仔猪的去势与断奶

(1)仔猪的去势:凡不留种用的仔猪,均应早期去势。去势时间一般为:公猪 20～30 日龄,母猪 30～40 日龄,仔猪体重 5～10 千克。早期去势,不仅伤口愈合快,手术简便,对仔猪造成的损伤较小,而且去势后能加速仔猪的生长。

①小公猪的去势:用右手提起仔猪右后腿,左手抓住右侧膝前皱襞,使仔猪左侧卧地,背向术者,再用左脚踩其颈头部,右脚踩住尾根;左手紧握睾丸阴囊将睾丸固定住。常规消毒后,右手持劁猪刀切开 1 个睾丸的皮肤和实质,挤出睾丸,分离睾丸韧带,使精索充分露出,用边捋边捻转的办法摘除睾丸,再于原切口处切开阴囊中隔和另一个睾丸实质,用上述同样的方法摘除另一个睾丸,最后消毒,并在伤口处撒一些消炎粉,创口一般不逢合。

如果仔猪患有赫尔尼亚(气蛋),要在肠管复位的基础上,左手捏住睾丸,小心切开阴囊皮肤,挤出包有总鞘膜的睾丸,边捻转边

表 7-7　仔猪饲粮配方

饲料种类 ＼ 饲粮编号	1	2	3	4	5	6	7
全脂乳粉	20.0	20.0		13.5			
脱脂乳粉			10.0				
玉米面	15.3	11.0	43.5	13.0	59.0	54.3	59.5
小麦面	28.2	20.0		22.0			
高粱面		9.0	10.0	10.0	10.0	7.8	6.2
小麦麸			5.0			6.0	5.0
秫食豆					1.5		
草粉							
豆饼粉	22.0	18.0	20.0	20.0	21.0	21.0	23.7
鱼粉	8.0	12.0	7.0	12.0	7.5	8.3	3.3
酵母粉	4.0	4.0	2.0	4.0			
白糖		3.5		3.5			
碳酸钙	1.0	1.5	0.1	1.5		0.3	0.45
磷酸钙							0.65
食盐			0.4			0.3	0.4
淀粉酶	1.0	0.2					
胃蛋白酶		0.3					
胰蛋白酶	0.5						
微量元素添加剂			1.0			1.0	
维生素添加剂			1.0			1.0	
矿-维混合		0.5		0.5	1.0		0.76
混合补料干物质(%)	91.90	93.12	90.10	95.14	89.23	88.9	
消化能(兆焦/千克)	15.271	15.564	13.60	15.564	14.22	13.514	13.723
粗蛋白(%)	25.2	26.3	22.0	27.1	20.7	20.2	18.0
钙(%)			0.97			0.63	
磷(%)			0.62			0.58	
体重(千克)	1～5	5～10			10～20		

向外拉,最后在接近腹股沟管外环处将总鞘膜和精索穿线结扎,在结扎线外方1厘米切除睾丸,撒上消火粉。

如果仔猪患有隐睾(腰蛋),要在牢固保定的基础上切开䐃部,由前向后沿肾脏后方到骨盆腔内寻找睾丸,将其取出,捻转捋断或结扎精索摘除睾丸,缝好腹膜、肌肉、皮肤,撒上消炎粉。

②小母猪的去势:用左手提起仔猪的左后腿,右手捏住左侧膝前皱臂,使仔猪头在术者右侧、尾在左侧,背向术者,猪体右侧卧地。再用右脚踩住仔猪的颈头部,将左后腿向后伸展,使仔猪后躯呈半仰卧姿势,左脚踩住仔猪左后腿飞节下方蹬于地面上。在左侧髋关节至腹白线的垂线上,距左侧乳头(倒数第2个乳头处)2厘米处用碘酊消毒后,用左手拇指在此处垂直用力下压,同时右手持劁猪刀尖顺拇指垂直刺入,在切开口的同时,左手拇指微抬、右脚用力踩猪,既防刀尖刺伤脊柱两侧动脉,又使仔猪尖叫用力,以增加腹内压力,促使子宫角随刀口跳出。如果没跳出,可用右手拇指协同左手拇指以挫切式用刀往下按压,使子宫角跳出。如果仍没有跳出,可将刀柄伸入腹腔拨动肠管,将子宫角挑出(似乳白色面条)。待子宫角跳出或排出后,右手立即捏住,用左右食指第一、第二指节背面在切口处用力压腹壁,以双手拇指、食指互相交替捻动,轻轻将子宫角、卵巢和部分子宫体拉出,在靠子宫颈处将子宫体捏断或挫断,于刀口处撒些消炎粉,不必缝合。最后,提起仔猪后腿将其摆动或拍打腹部后放走。

(2)仔猪的断奶

①断奶时间:仔猪的断奶时间,应根据猪场的性质、猪的品种、仔猪用途及体质强弱、母猪的膘情和泌乳量的高低以及母猪利用强度和饲养条件等灵活掌握。例如,有的母猪膘情不好,泌乳量比较低,如不及时断奶,对母猪的健康和仔猪的发育都不利,对这样的母猪,就应早断奶;若母猪的膘情好,泌乳量较充足,则可稍晚一些断奶;准备留种的也可晚一些断奶;育肥的仔猪则可以适当提前

断奶。我国一般养猪场和广大农村多采用 45～60 日龄断奶（常规断奶），也可提前到 28～35 日龄断奶（早期断奶）。早期断奶可提高母猪的利用率，增加其年产仔数，但必须给仔猪创造良好的环境条件，如在高床、栅上饲养，使仔猪不与粪尿接触；给予适宜而稳定的温度；饲喂营养全面、易消化的饲料等。无条件的可采用常规断奶法。

②断奶方法：从断奶过程上看，仔猪断奶方法主要有 3 种：

Ⅰ. 一次性断奶法：即当仔猪达到预定断奶时间时，果断地将母仔分开实行同时断奶。这种方法简单，操作方便，省工省力，主要用于生长发育均匀、正常、健康的仔猪。为防止仔猪和母猪一时无法适应突然断奶的刺激，应于断奶前 3 天开始减少母精饲料和青饲料的喂饲量，并加强对母仔的护理工作。

Ⅱ. 分批断奶法：即根据仔猪的发育情况、食量和用途分别先后陆续断奶。一般将发育好、食欲强、拟作肥育的仔猪先断奶，而体格小、拟留种用的后断奶，适当延长哺乳期。该种方法费工费力，母猪哺乳期较长，但能较好地适用于生长发育不平衡或寄养的仔猪。

Ⅲ. 逐渐断奶法：是逐渐减少哺乳次数的断奶方法，即在仔猪预定断奶日期前 4～6 天，让母仔分开饲养，常将母猪赶出圈舍，定时放回哺乳，哺乳次数逐日减少直至断净。此法比较安全可靠，可减少对母仔的刺激，适用于不同情况的母猪。

③断奶仔猪的饲养：仔猪断奶后往往由于生活条件的突然改变，表现出食欲不振，增重缓慢甚至减重，尤其是补料晚的仔猪更为明显。为了过好断奶关，要做到饲料、饲养制度及生活环境的"两维持"和"三过渡"。即维持在原圈培育并维持原来的饲料，做到饲料、饲养制度和环境条件的逐渐过渡。

Ⅰ. 饲料过渡：仔猪断奶后，要保持原来的饲料半个月内不变，以免影响食欲和引起疾病。半个月后逐渐改喂育成猪饲料。

断奶仔猪正处于身体迅速生长的阶段,需要高蛋白质、高能量和含有丰富的维生素、矿物质的日粮,应限制含粗纤维过多的饲料,注意添加剂的补充。

Ⅱ.饲养制度过渡:仔猪断奶后半个月内,每天饲喂的次数应比哺乳期多1~2次。主要是加喂夜餐,免得仔猪因饥饿而不安。每次的喂量不宜过多,以七八成饱为度,使仔猪保持旺盛的食欲。

适口性好的饲料有利于增进仔猪的食欲。炒熟的黄豆、豌豆等具有浓郁的香味,可以将其粉碎后作配料改善饲料的适口性。碎米、玉米等谷物类饲料经过煮熟和浸烫糖化,可改善适口性。还可利用糖精、甜叶菊等甜味剂改善饲料的口味。此外,采取熟料生料结合饲喂的方式,也能增进仔猪的食欲。

仔猪采食大量饲料后,应供给清洁的饮水,以免供水不足或不及时,致使仔猪饮污水或尿液而造成仔猪下痢。

Ⅲ.环境过渡:仔猪断奶后的最初几天,常表现精神不安、鸣叫,寻找母猪。为了减轻仔猪的不安,最好仍将仔猪留在原圈,也不要混群并窝。到断奶半个月后,仔猪的表现基本稳定和正常时,方可调圈并窝。在调圈分群前3~5天,使仔猪同槽吃食,一起运动,彼此熟悉。然后再根据性别、个体大小、吃食快慢等进行分群,每群多少视猪圈大小而定。应让断奶仔猪在圈外保持比较充分的运动时间,圈内也应清洁、干燥,冬暖、夏凉,并且进行固定地点排泄粪尿的调教。

Ⅳ.添加抗生素:饲料中按规定标准加入抗生素,能够增强仔猪抵抗疾病的能力,促进猪的生长发育,一般常用的抗生素有金霉素、土霉素等。用量按猪的大小、饲料类型和卫生条件而定,仔猪每吨饲料添加抗生素40克;僵猪每吨饲料添加抗生素50~100克,发育正常后降低到正常水平。抗生素应连续使用,如果仔猪断奶后停喂,反而容易发生疾病。

Ⅴ.微量元素的应用:微量元素的需要量很少,但对仔猪的生长发育影响很大。据试验,微量元素中,铜有较突出的促生长作用。每吨配合饲料中添加 30～200 克铜,可使仔猪保持较高的生长速度和饲料利用率。通常使用的是易溶于水的硫酸铜和氧化铜。市场上出售的生长素,不仅含有适量的铜,还含有适量的铁、锌、锰等微量元素。买回的生长素,要严格按照用量饲喂,超量饲喂会引起仔猪中毒。

3. 仔猪的免疫与驱虫

适时搞好免疫接种,是增强仔猪免疫力、减少发病率和死亡率、提高成活率和断奶窝重的重要一环,是保证猪群健康的关键措施之一。通常在 1 月龄进行猪瘟、猪丹毒、猪肺疫和仔猪副伤寒疫苗的预防注射。要严格按免疫程序头头注射,个个免疫。在 50～60 日龄肌内注射 5% 左旋咪唑(10 毫克/千克体重)一次,以驱除猪体内寄生虫（如蛔虫等）;注射 0.1% 亚硒酸钠溶液 1～2 毫升/头,以预防仔猪水肿病。此外,为预防仔猪红痢,在母猪分娩前一个月、半个月各注射红痢疫苗一次。

(三)饲养肥育猪的关键性技术有哪些

1. 影响猪肥育的因素

影响猪肥育效果的因素有很多,各种因素之间既有联系又相互影响。归纳起来,大体上可分为遗传因素和环境因素两个方面,遗传因素包括品种类型、生长发育规律、早熟性等,环境因素包括饲料品质、饲养水平及环境条件等。

(1)品种类型:猪的品种类型对其肥育效果影响很大,这是因为不同品种类型的猪生长发育规律不一样,在整个肥育期的不同阶段所需的营养标准和饲粮数量不一样。如引进品种长白猪、约克夏猪、杜洛克猪、汉普夏猪等，属于瘦肉型猪。在以精饲料为主、高营养水平的饲养条件下，其肥育效果比地方品种好，增重较快、肥育时间短。但在以青粗饲料为主的中、低营养水平饲养条件下，则国外品种增重速度不如地方品种，肥育效果也较差。因此，为了提高肥育效果，应对不同品种类型的猪采取不同的肥育方法。

（2）杂交组合：在养猪生产中，利用杂种优势是提高肥育效果的重要措施之一。一般来说，杂交猪的肥育效果和胴体瘦肉率水平均高于纯种猪，不同杂交组合之间又存在差异，而三品种杂交比两品种杂交效果好。实践证明，一般以国外优秀品种为父本，以我国地方品种为母本，其后代增重速度的优势率为 10%～20%；饲料利用优势率在 5%～10%。

（3）初生重与断奶重：仔猪初生重、断奶重与肥育期的增重呈正相关。仔猪的初生重大，则个体的生活力强，体质好，生长速度快，断奶体重也大，肥育期的增重速度也较快，饲料报酬高。因此，生产中应特别重视和加强母猪的饲养以及仔猪的培育，尽量提高仔猪的初生重和断奶重，为提高肥育猪的肥育效果奠定良好的基础。

（4）性别与去势：性别与去势对猪的肥育效果均有一定影响。公、母猪去势后，因为没有性激素的影响，表现出性情安静，性机能消失，食欲增进，能更好地利用所摄取的营养，使增重速度提高，肉的品质也得到改善。实践证明，去势的公、母猪比未去势的公、母猪的增重速度分别提高 10% 和 7% 左右，饲料利用率和屠宰率也均比未去势的高。

（5）饲粮营养：饲粮中营养水平及饲粮结构不同，对猪的肥育以及胴体品质的影响很大。优良的品种以及合理的杂交组合只是提供了好的遗传基础，但如果没有科学的饲养管理也无法发挥它们的优势，饲养方式不当，瘦肉型的猪也会养肥，增重快的也会变慢。

　　饲粮能量水平的高低对猪日增重和胴体瘦肉率的影响极大。一般来说,能量摄取越多,日增重越快,饲料利用率越高,但胴体脂肪含量也越多。蛋白质对猪的肥育也有影响,由于蛋白质不单是与肥育猪长肉有直接关系,而且蛋白质在机体中是酶、激素、抗体的主要成分,对维持新陈代谢、生命活动都有特殊功能,如果蛋白质摄取不足,不仅影响肌肉的生长,同时影响肥育猪的增重。在一定范围内,饲粮蛋白质水平越高,增重速度越快,而且胴体瘦肉率也越高。值得注意的是,饲粮中的氨基酸应达到均衡,尤其是限制性氨基酸,它不仅影响肌肉的生长,同时还影响肌肉的品质。此外,维生素、矿物质对猪的肥育也有很大影响。

　　(6)环境条件

　　①温度:猪在肥育期需要适宜的温度,过冷或过热都会影响肥育效果,降低增重速度,因为气温过高,影响猪的采食量,猪的休息时间少。夏天要防止猪舍曝晒,要遮阳通风。气温过低,造成猪体热散失过多,为了维持正常体温,猪采食量增多,浪费饲料。因此,在生产中,做到猪舍冬季保温、夏季防暑是非常重要的。

　　②湿度:湿度过高或过低对肥育猪都是不利的,但湿度是随着环境温度而产生影响的。高温条件下的高湿度造成的影响最大,其次是低温条件下的高湿状况。若环境温度适当,湿度在一定范围内变化对猪的增重还无明显影响。

　　③光照:实践证明,光照对猪的肥育影响不明显。

　　④圈养密度:头数过多,饲养密度过大,使局部温度上升,猪的采食量减少,饲料利用率和日增重下降,一般圈养密度为 0.8～1头/平方米,每圈饲养 10～20 头。密度过小对猪肥育也有影响,尤其是冬季,散热快,维持需要增加,额外浪费饲料。

2. 猪肥育前的准备工作

　　(1)圈舍、设备的维修及消毒:在进猪前,首先对圈舍、饲槽、饮水器等进行维修,确保圈舍冬季保温、夏季防暑,饲养设备能正常投入使用。一切准备就绪后,对圈舍进行彻底清扫,对饲养设备进行洗涮,最后进行全面消毒。

(2)要选好仔猪:应选择优良杂交组合、体质健壮、体型外貌良好的仔猪。这样的猪采食量大,生长发育快,增重迅速,生活力强,不易患病。

(3)做好驱虫工作:在肥育前,要对仔猪普遍进行一次体内驱虫和体外灭虱及根治疥癣病的工作。

(4)预防疫病:按防疫要求制定防疫计划,安排免疫程序。预防注射时要按疫苗标签规定部位及免疫程序、剂量及时准确地操作。预防注射应与去势、驱虫等工作分开进行。

(5)备足饲料:根据配合饲料的要求,购进相关饲料或原料。

3.肥育仔猪的选购

为了实现商品肉猪的快速增重,缩短肥育时间,降低饲料消耗,减少疾病感染,选购健康、高质量的入栏仔猪是很重要的。在选购仔猪时,主要需注意以下几个方面:

(1)选购优良的杂交仔猪。在一般情况下,杂交猪比纯种猪长得快,而多品种杂交猪又比二品种杂交猪长得快。目前选择的三品种瘦肉型杂交猪,生长快,抗病性强,饲料报酬高,瘦肉多,出栏好卖,价格高,经济效益好。

(2)选购体大强壮的仔猪。体重大、活力强的仔猪,肥育期增重快,省饲料,发病和死亡率低。群众的经验是"初生多一两,断奶多一斤;入栏多一斤,出栏多十斤"。50~60天断奶的仔猪,体重不能低于是11~15千克。只图省本钱而购买生长落后的弱小仔猪肥育,往往得不偿失。

(3)选购体型外貌良好的仔猪。选购的猪应该具备:身腰长,体型大,皮薄富有弹性,毛稀而有光泽,前躯宽深,中躯平直,后躯发达,尾根粗壮,四肢强健,体质结实。

(4)选购健康的仔猪。某些慢性疾病,如猪气喘病、萎缩性鼻炎、拉稀等,虽然死亡率不高,但严重影响猪的生长速度,拖长肥育期,浪费饲料,降低养猪的经济效益。因此,选购仔猪时必须给予重视。一般来说,凡眼神精神,被毛发亮,活泼好动,常摇头摆尾,叫声清亮,粪成团,不拉稀,不拉疙瘩粪和干球粪,都是健康仔猪的表现;反之,精神萎靡不振,毛粗乱无光泽,叫声嘶哑,鼻尖发干,粪便不正常,说明仔猪有毛病。

另外,选购仔猪时一定要问明是否做过猪瘟、猪丹毒、猪肺疫预防接种。

(5)就近选购,挑选同窝猪。如附近有杂交繁殖猪场,应优先作为选购对象。就近购猪,既节省运输费用,使仔猪少受运输之苦,又易了解猪的来源和病情,避免带入传染病。如果一次购买数头或几十头仔猪,最好按窝挑选,买回来按窝同圈饲养,这样可避免不同窝的猪混群后互相殴斗,影响生长发育。

4. 生长猪的肥育方式

生长肥育猪的肥育方式主要有两种,即阶段肥育法和一贯肥育法。

(1)阶段肥育法:阶段肥育是根据猪的生理特点,按体重或月龄把整个肥育期划分为小猪、架子猪和催肥三个阶段,把精饲料重点用在小猪和催肥阶段,而在架子猪阶段尽量利用青饲料和粗饲料。

①小猪阶段:从断奶体重十多千克喂到 25～30 千克,饲养时间 2～3 个月,喂给较多的精饲料,搭配泔水和适量粗饲料,保证其骨骼和肌肉正常发育。

②架子猪阶段:从体重 25～30 千克喂到 50 千克左右,饲养时间 4～5 个月,喂给大量青、粗饲料,搭配少量精料,有条件的可实

行放牧饲养,酌情补点精料,促进骨骼、肌肉和皮肤的充分发育,而且猪的消化器官也得到很好的锻炼,为以后催肥期的大量采食和迅速增重打下良好的基础。

③催肥阶段:猪体重达 50 千克以上进入催肥期,饲喂时间 2 个月左右,要增加精饲料的给量,尤其是含碳水化合物较多的精料,限制运动,加速猪体内脂肪沉积,外表呈现肥胖丰满。一般喂到 80～90 千克,即可出栏屠宰,平均日增重为 0.5 千克左右。

阶段肥育法多用于边远山区农户养猪,它的优点是能够节省精饲料,而充分利用青、粗饲料,适合这些地区农户养猪缺粮条件,但猪增重慢,饲料消耗多,屠宰后胴体品质差,经济效益低。

(2)一贯肥育法:又叫直线肥育法或快速肥育法。这种肥育方法从仔猪断奶到肥育结束,都给予完善营养,精心管理,没有明显的阶段性。在整个肥育过程中,充分利用精饲料,让猪自由采食,不加以限制。在配料上,以猪在不同生理阶段的不同营养需要为基础,能量水平逐渐提高,而蛋白质水平逐渐降低。

快速肥育法的优点是:猪增重快,肥育时间短,饲料报酬高,胴体瘦肉多,经济效益好。随着肉猪生产商品化的发展,传统的阶段肥育法必然被快速肥育法所代替。

5. 僵猪的脱僵与架子猪的催肥

(1)僵猪的脱僵措施:僵猪一般又叫"小老猪",在猪生长发育的某一阶段,由于遭到某些不利的因素的影响,使猪长期发育停滞,虽饲养时间较长,但体格小,被毛粗乱,极度消瘦,形成两头尖、中间粗的"刺猬猬猪"。这种猪吃料不长肉,给养猪生产带来很大的损失。

①造成僵猪的原因:一是由于母猪在妊娠期饲养不良,母体内的营养供给不能满足胎儿生长发育的需要,致使胎儿发育受阻,产出初生重很小的"胎僵"仔猪;二是由于母猪在泌乳期饲养不当,泌

乳不足,或对仔猪管理不善,如初生弱小的仔猪长期吸吮干瘪的乳头,致使仔猪发生"奶僵";三是由于仔猪长期患寄生虫病及代谢性疾病,形成"病僵";四是由于仔猪断奶后饲料单一,营养不全,特别是缺乏蛋白质、矿物质和维生素,导致断奶后仔猪长期发育停滞而形成"食僵"。

②脱僵措施:形成僵猪的原因是多方面的,而且也是相互联系的,要防止僵猪的出现和使僵猪脱僵,必须采取以下综合措施。

Ⅰ.加强母猪妊娠后期和泌乳期的饲养,保证仔猪在胎儿期能获得充分发育,在哺乳期能吃到较多营养丰富的乳汁。

Ⅱ.合理给哺乳猪固定乳头,提早补料,提高仔猪断奶体重,以保证仔猪健康发育。

Ⅲ.做好仔猪的断奶工作,做到饲料、环境和饲养管理措施三个逐渐过渡,避免断奶仔猪产生各种应激反应。

Ⅳ.搞好环境卫生,保证母猪舍温暖、干燥,空气新鲜,阳光充足。做好各种疾病的预防工作,定期驱虫,减少疾病。

Ⅴ.僵猪的脱僵措施:发现僵猪,及时分析致僵原因,排除致僵因素,单独喂养,加强管理,有虫驱虫,有病治病,并改善营养,加喂饲料添加剂,促进机体生理机能的调整,恢复正常生长发育。一般情况下,在僵猪饲粮中,加喂 0.75%～1.25%的土霉素碱,连喂7 天,待发育正常后加 0.4%,每月 1 次,连喂 5 天,同时适当增加动物性饲料和健胃药,以达到宽肠健胃、促进食欲、增加营养的目的,并加倍使用复合维生素添加剂、微量元素添加剂、生长促进剂和催肥剂,促使僵猪脱僵,加速催肥。

(2)架子猪催肥措施:当架子猪体重达 50 千克以上即进入催肥期。催肥前首先要进行驱虫和健胃,因为架子猪阶段管理比较粗放,猪进食生饲料,拱吃泥土、脏物,尤其在放牧条件下,难免要感染蛔虫等寄生虫,在猪体内吸收大量营养,影响猪的肥育。驱虫药物可选用兽药敌百虫,每千克体重 60～80 毫克,拌入饲料中一次服完。在驱虫后 3～5 天,用大黄苏打片拌入饲料中饲喂,即按每 10 千克体重 2 片的标准,将大黄苏打片研成粉末,均分三餐拌入饲料,这样可增强胃肠蠕动,有助于消化。健胃后便开始增加饲粮营养,开始催肥。催肥前一个月,饲料力求多样化,逐渐减少粗饲料的喂量,加喂含碳水化合物多的精饲料如玉米、糠麸、薯类等,并适当控制运动,以减少能量的消耗,利于脂肪的沉积。这时猪食欲旺盛,对饲料的利用率高,增重迅速,日增重一般达 0.5 千克以上。到了后一个月,因体内已沉积了较多的脂肪,胃肠容积缩小,采食量日渐减少,食欲下降,这时应调整饲粮配合,进一步增加精料用量,降低饲粮中青、粗饲料比例,并尽量选用适口性好、易消化的饲料(催肥猪饲粮结构参见表 7-8);适当增加饲喂次数,少喂勤添,供给充足饮水,保持环境安静;注意冬季舍内保温,夏季通风凉爽,使其进食后充分休息,以利于脂肪沉积,达到催肥的目的。

表 7-8　催肥猪饲粮配方

饲料种类	豆饼	麦麸	大麦	玉米	骨粉	食盐
混合精料比例(%)	10.0	10.0	50.0	28.6	0.7	0.7

6.猪快速肥育需要的环境条件

猪的快速肥育,圈养密度大,饲养周期短,因而对环境条件的要求比较严格。只有创造适宜的小气候环境,才能保证生长肥育猪食欲旺盛,增重快,耗料少,发病率和死亡率低,从而获得较高的经济效益。

(1)温度:猪是恒温动物,在一般情况下,如气温不适,猪体可通过自身的调节来保持体温的基本恒定,但这时需要消耗许多体力和能量,从而影响猪的生长速度。生长肥育猪的适宜气温是:体重 60 千克以前为 16～22℃;体重 60～90 千克为 14～20℃;体重

90 千克以上为 12～16℃。

(2)湿度:湿度对生长肥育猪的影响小于温度。但湿度过高或过低,对生长肥育猪也是不利的。当高温高湿时,猪体散热困难,猪感到更加闷热;当低温高湿时,猪体散热量显著增加,猪感到更冷,而且高湿环境有利于病原微生物的繁殖,使猪易患疥癣、湿疹等皮肤病;反之,空气干燥,湿度低,容易诱发猪的呼吸道疾病。猪舍适宜的相对湿度为 60%～80%,如果猪舍内启用采暖设备,相对湿度应降低 5%～8%。

(3)光照:在一般情况下,光照对猪的肥育影响不大。肥育猪舍的光线只要不影响猪的采食和便于饲养管理操作即可,强烈的光照会影响猪休息和睡眠。建造生长肥育猪舍以保温为主,不必强调采光。

(4)有害气体:猪舍内由于粪便、饲料、垫草的发酵或腐败,经常分解出氨气、硫化氢等有毒气体,而且猪的呼吸又会排出大量的二氧化碳。如果猪舍内二氧化碳的浓度过高,会使猪的食欲减退,体质下降,增重缓慢。氨气和硫化氢对人和猪都有害,严重刺激和破坏黏膜、结膜,会诱发多种疾病。因此,猪舍内要经常注意通风,及时处理猪粪尿和脏物,注意合适的圈养密度。

(5)噪声:噪声对生长肥育猪的采食、休息和增重都有不良影响。如果经常受到噪声的干扰,猪的活动量大增,一部分能量用于猪的活动而不能增重,噪声还会引起猪惊恐,降低食欲。

(6)圈养密度:如果圈养密度过高,群体过大,可导致猪群居环境变劣,猪间冲突增加,食欲下降,采食减少,生长缓慢,猪群发育不整齐,易患各种疾病。在一般情况下,圈养密度以每头生长肥育猪占 0.8～1.0 平方米为宜;猪群规模以每群 10～20 头为宜。

(7)组群:不同猪种的生活习性不同,对饲养管理条件的要求也不同。因此,组群时应按猪种分圈饲养,以便为其提供适宜的环境条件。另外,组群时还要考虑猪的个体状况,不能把体重、体质参差不齐的仔猪混群饲养,以免强夺弱食,使猪群不整齐。组群后要保持猪群的相对稳定,在饲养期内尽量不再并群,否则不同群的猪相互咬斗,影响其生长和肥育。

7. 猪快速肥育的饲粮选择

饲粮构成是否合理是影响猪生长肥育速度和经济效益的关键性因素。一个好的饲粮必须达到以下要求:饲粮在能量、蛋白质和氨基酸、矿物质及维生素营养上要能满足生长肥育猪的需要,饲粮适口性要好,粗纤维水平适当,保证消化良好,不拉稀,不便秘;饲粮要保证生长肥育猪能生产出优质的肉脂;饲粮的成本要低。

若采用分期饲养方式,体重60千克以前为饲养前期,体重60千克以后为饲养后期。饲养前期的饲粮中的消化能含量为12.55~13.39兆焦/千克,粗蛋白质含量为16%~17%;饲养后期的饲粮中的消化能含量为12.97~13.81兆焦/千克,粗蛋白质含量为12%~14%。

生长肥育猪的饲粮应以精饲料为主,适当搭配青、粗饲料,使饲粮中粗纤维含量控制在6%~8%以内。生长肥育猪的饲粮结构可参见表7-9。

8. 猪快速肥育的管理要点

(1)定时定量:喂猪规定一定的次数、时间和数量,使猪养成良好的生活习惯,吃得饱,睡得好,长得快。一般在饲养前期每天喂5~6顿,在饲养后期每天喂3~4顿,每次喂食时间的间隔应大致相同,每天最后一顿要先安排在晚上9点钟左右。每头猪每天喂量,一般体重15~25千克的猪喂1.5千克,25~40千克的猪喂1.5~2千克,40千克以上的猪别2.5千克以上。每顿喂量要基本保持均衡,可喂九分饱,使猪保持良好的食欲。饲料增减或换品种,要逐渐进行,以便猪的消化机能逐渐适应。

表 7-9　生长肥育猪饲粮配方(%)

猪种	兼用型杂交猪				瘦肉型杂交猪			
饲粮编号	1		2		1		2	
	前期	后期	前期	后期	前期	后期	前期	后期
玉米	45.0	50.0	50.0	47.0	35.0	37.0	45.0	48.0
高粱	10.0	10.0	15.0	10.0			10.0	10.0
大麦					30.0	35.0		
麦麸	10.0	10.0	6.0	6.0	11.0	14.5	10.0	8.0
花生饼			5.0	5.0				
豆饼	12.0	8.0	9.0	7.0	7.0	5.0	12.0	10.0
菜籽饼	3.0	3.0		4.0				
葵籽饼	5.0	7.0	5.0	4.0			5.0	5.0
棉籽饼					7.0	5.0	8.0	8.0
米糠	5.0	5.0		10.0			5.0	5.0
鱼粉	3.0				8.5	2.0	3.5	
草粉	5.5	5.5	3.5	5.5				4.5
贝粉	0.7	0.7	0.6	0.8	1.2	1.3	1.0	1.0
骨粉							0.2	0.2
食盐	0.3	0.3	0.4	0.4	0.3	0.3	0.3	0.3

注:可另加 20%～30%的青饲料,多种维生素、微量元素及促长添加剂等按药品说明添加。

(2)先精后青:喂食时,应先喂精饲料,后喂青饲料,并做到少喂勤添,一般每顿食分 3 次投料,让猪在半小时内吃完,饲槽不要剩料,然后每头猪喂青饲料 0.5～1.0 千克。青饲料洗干净不切碎,让猪咬吃咀嚼,把更多的唾液带入胃内,以利于饲料的消化。

(3)喂湿拌生料:生喂既能保证饲料营养成分不受损失,又能节省人工和燃料。除马铃薯、芋头、南瓜、木薯、大豆、棉籽饼等含有害物质需要熟喂外,其他大部分植物性饲料均应生喂。精饲料喂前最好制成湿拌料，即先把一定量的配合精料放进桶（缸、池）内，然后按 1：(1～1.3)的料水比例加水，加水后不要搅动，让其自然浸没，夏、秋季浸 3 小时，冬、春季浸 4～5 小时，促进饲料软化，用浸泡后湿拌料喂猪，有利于猪胃肠消化吸收。

(4)及时供水：水分对猪体内养分的运输、体液分泌、体温调节、废物排除都有重要作用，因此必须让猪喝足水，如采用湿拌料，在吃完食之后，要给猪喝清水。冬季供给温水，夏、秋季为冷清水。

(5)注意防病：在进猪之前，圈舍应进行彻底清扫和消毒。准备肥育的幼猪应做好各种疫苗接种，在肥育期间要注意环境卫生，制订严密的防病措施，为肥育猪创造舒适的小气候环境，确保肥育猪健康无病。

(6)适时出栏：猪的一生是前期长肉，后期长膘，生长肥育猪达到一定年龄后，随着体重增长，料肉比逐渐增大，瘦肉率逐渐降低，因此存栏时间不宜过长，出栏体重不宜过大；反之，存栏时间短，出栏体重小，虽然能降低料肉比，提高瘦肉率，但每头猪的产肉量减少，又提高了肉猪成本，对养猪生产也是不利的。考虑肥育猪的胴体品质和养猪的经济效益，出栏时期应安排在 6～7 月龄、体重90～110 千克为宜。

9. 快速肥育瘦肉型猪的饲养管理特点

(1)快速肥育瘦肉型猪应注意的问题

①猪的品种：要求肥育的猪应是瘦肉型品种，或者是瘦肉率较高的杂交种。

②初生体重与断奶体重：仔猪初生重越大，生活力、抗病力越强，生长速度越快。断奶体重越大，在肥育期增重快，死亡少，饲料利用率高。

③营养水平：营养水平直接关系到猪的生长速度，用单一饲料喂猪，生长速度慢，饲养期长达半年以上，出栏料肉比常在 5：1 左

右;而用配合饲料喂猪,生长速度明显加快,饲养期大为缩短,出栏料肉比可降至 3.5∶1 左右。一般要求猪饲料蛋白质含量,前期为 16%～18%,后期为 14%左右。

④饲料品质:饲料的品质也会影响到猪的肥育,如饲料结构、调制方式、适口性等。饲料品种要多样化,一般宜采用稠粥料或生湿拌料。

⑤去势与驱虫时间:去势时间宜安排在仔猪 1 月龄左右。及时驱除猪体内外寄生虫,如蛔虫、猪体虱等,一般宜安排在肥育前进行。

⑥环境条件:如温度、湿度、饲养密度、猪舍的卫生状况等,都应根据猪的需要调整到比较好的范围。一般温度控制在 15～20℃,相对湿度宜控制在 55%～75%,饲养密度应在 0.8～1.0头/平方米。

(2)提高出栏猪的瘦肉率的有效措施

①饲养瘦肉型品种。猪出栏屠宰后胴体瘦肉率与饲养品种有很大关系,瘦肉型品种遗传品质好,胴体瘦肉率高。因此,生产中要选择瘦肉率高的猪种来进行肥育,如长白猪、杜洛克、汉普夏猪等引进的国外品种以及由这些品种猪作父本的杂交猪,它们的屠宰率和胴体瘦肉率都比较高。

②科学提供饲粮营养。实践证明,瘦肉猪的配合饲料,需含中等能量和较多的蛋白质。猪的生长发育过程,大体可分为"小猪长骨,中猪长肉,大猪长膘"三个阶段。就是说,猪年龄越小,体重越轻,骨骼生长越快。随年龄、体重的增加,肌肉长势加强,一般体重 15～60 千克时肌肉充分生长,60 千克以后则加快了脂肪的沉积。因此,瘦肉型猪的配合饲料每千克只需含 12.55 兆焦左右的消化能。蛋白质的含量需分前期、后期两个标准,前期(体重 15～60 千克)饲料中含粗蛋白质 17%左右,后期(体重 60～90 千克)含 16%左右。

③改善饲喂技术。在饲养方式上,应采用"前催后控"的肥育方法。营养水平由高到低,有利于瘦肉的生长。据试验,猪生长前期脂肪沉积平均每天增长速度为 29～120 克,而体重 60 千克以后高达 120～378 克。因此,前期让猪吃饱(不限量),充分发育肌肉;后期适当控制喂量(喂到八、九成饱),以减少脂肪沉积。

瘦肉型猪要喂湿拌料。实验证明,湿拌料比汤料容易被猪消化吸收,符合生理要求,也便于饲喂。湿拌料,料与水的比例为1∶(1.25～1.5),以手握指缝不滴水为宜。日喂次数,小猪阶段 4次,体重 50 千克后 3 次。饮水不限。

④创造良好的环境条件。良好的环境条件有利于蛋白质的沉积,提高瘦肉率。

⑤适时出栏屠宰。尽量缩短肥育期,降低出栏体重,一般在猪养到 5～6 月龄体重达 90～100 千克时出栏屠宰,较为适宜。超过6 月龄,胴体中脂肪含量明显增多。

10. 不同季节养猪的管理特点

春夏秋冬,气候变化很大,只有掌握客观规律,加强季节性饲养管理,才能有利于猪的生长发育。

(1)春季防病:春季气候温暖,青饲料幼嫩可口,是养猪的好季节。但春季空气湿度大,温暖潮湿的环境给病菌创造了大量繁殖的条件,加上早春气温忽高忽低,而猪刚刚越过冬季,体质较差,抵抗力较弱,容易感染疾病。因此,春季也是猪疾病多发季节,必须做好防病工作。

在冬末春初,对猪舍要进行一次清理消毒,搞好猪舍的卫生并保持猪舍通风透光,干燥舒适。寒潮来临时,要堵洞防风,避免猪受寒感冒。

消毒时可用新鲜生石灰按 1∶(10～15)的比例加水,搅拌成石灰乳,然后将石灰乳刷在猪舍的墙壁、地面、过道上即可。

春季还要注意给猪注射猪瘟、猪肺疫、猪丹毒等各种疫苗,以预防各种传染病的发生。

(2)夏季防暑:夏季天气炎热,而猪汗腺不发达,尤其肥育猪皮下脂肪较厚,体内热量散发困难,使其耐热能力很差。到了盛夏,猪表现出焦躁不安,食量减少,生长缓慢,容易发病。因此,在夏季要注重做好防暑降温工作。降温措施有:让猪舍通风,遮阴;在猪舍地面撒水降温;在饲喂前给猪身上冲水降温;在猪舍一角设浅水池让猪自动到水池内纳凉。另外,还应该保证供给足够的凉水供猪饮用,并注意猪舍内驱蝇灭蚊,使猪能安静睡觉。

(3)秋季肥育:秋季气温适宜,饲料充足,品质好,是猪生长发育的好季节。因此,应充分利用这个大好时机,做好饲料的储备和猪肥育催肥工作。

(4)冬季防寒:冬季寒冷,为维持体温恒定,猪体将消耗大量的能量。如果猪舍保暖,就会减少这个不必要的能量消耗,有利于生长肥育猪的生长和肥育,提高饲料报酬。

在寒冬到来之前,要认真修缮猪舍,用草帘、塑料薄膜等把漏风的地方遮挡堵严,防止冷风侵入。在猪舍内勤清粪便,勤换垫草,并适当增加饲养密度,保证猪舍干燥、温暖。

11. 塑料膜暖棚养猪新技术

北方地区冬季漫长寒冷,没有保温措施,养猪白搭饲料不增重,给养猪业造成较大经济损失,而塑料膜暖棚养猪解决了北方养猪生产的这一重大难题。

(1)塑料膜暖棚猪舍利用原理

①充分利用太阳能,提高舍内温度。有资料介绍,在温带地区,冬季白天每平方厘米的地表面,每分钟可获得太阳能41.84焦耳左右。在太阳光中有75%的可见光,5%的紫外线和45%的红外线可透过塑料膜照入舍内,并在舍内积蓄。在夜间,蓄积在舍内

的太阳能以波长 3.0～10.0 微米的长波红外线方式向外释放。据测试,晴天的夜晚,地表面释放热大部分阻止在舍内。这种长波辐射的透过率为 10%,也就是说尚有 90% 的地表辐射热被阻止在舍内。

②利用猪体温与塑料膜相互作用,能增高舍内温度。猪摄入饲料后产生一定的热量,不断以辐射、对流传导和蒸发等方式向外扩散。在塑料棚舍内,这部分热能的大部分被阻止在舍内,可提高舍内温度。

③利用塑料膜的封闭性,可以减缓舍内寒冷气流对猪体的影响。塑料膜透气性差,封闭性能好,利用塑料棚饲养猪可减少舍内风速。据测试,塑料棚猪舍内的旬平均风速为 0.16 米/秒,而在同一时间敞圈内的旬平均风速为 2.2 米/秒,可见在塑料棚内,猪体的对流散热量减少,控制或减缓了寒冷气流对猪体的不良影响,降低了猪的维持需要。

④利用热压换气原理进行自然通风。由于塑料棚舍内温度高,与棚外温差又较大,使变轻的热空气聚集在棚顶附近。当把设在棚顶部的排气口和设在圈门处的进气口打开时,根据热压换气原理,热空气(污染空气)由排气口排出,新鲜空气由进气口进入。这样不仅可以达到通风换气的目的,还可有效地调节舍内温度,降低舍内有害气体的含量。

(2)塑料膜暖棚建筑模式

①塑料膜暖棚猪舍地址选择:地址要选择在地势高燥、背风向阳,无高大建筑物遮蔽处。坐北向南或稍偏东南,交通方便,水源充足,水质良好,用电方便,远离主要公路干线,以便于防疫。

②棚舍的入射角及塑料膜的坡度:塑料膜暖棚的入射角是指塑料薄膜的顶端与地面中央一点的连线和地面间的夹角,要大于或等于当地冬至正午时的太阳高度角。塑料膜的坡度是指塑料膜与地面之间的夹角,应控制在 55°～60°,这样可以获得较高的透

光率。

③建筑材料的选择:修建塑料膜暖棚的材料可因地制宜,就地取材。墙可用砖或石头等砌成,圈外设贮粪池。后坡棚顶可用木板、竹子、板皮、柳条等铺平,上面铺以废旧塑料膜、编织袋、油毡等,再用黄泥掺麦草或锯末抹平,上面盖瓦或石棉瓦等。棚支架可用木材、竹子、钢筋、硬塑等均可。棚杆间距 0.5~0.8 米为宜。

④通风换气口的设置:塑料膜暖棚猪舍的排气口应设在棚顶部的背风面,高出棚顶 50 厘米,排气孔顶部要设防风帽。猪舍进气口应设在南墙或东墙的底部,距地面 5~10 厘米。进气口面积为出气口的一半。也可不设进气口,通过门进气。一般面积为 16 平方米的猪舍可养肥猪 10~12 头,可设置 25 厘米×25 厘米的排气口一个即可。

⑤塑料膜暖棚猪舍的模式:棚舍建造尺寸一般为,猪舍前高 1.3~1.5 米,后高 1.7 米,脊高 2.5 米,内部总跨度 5 米(断面见图 7-1),猪舍长度视饲养规模而定。门设在猪舍背风一侧,规格为 1.65 米×0.8 米,每间猪舍在后墙高 1 米处留 0.4 米×0.3 米通风窗一处,夏季通风,冬季关闭。每间顶部设 0.25 米×0.25 米的排气口一个。猪舍后部为饲喂通道,用砖或铁栅栏将通道与猪舍隔开。水泥地面,坡降为 0.5%,前坡长,冬季扣塑料膜;后坡短,为保温棚顶。

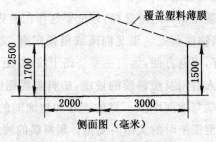

覆盖塑料薄膜

2500　　1700　　1500

2000　　3000

侧面图(毫米)

图 7-1　塑料膜暖棚猪舍示意

（3）塑料膜暖棚猪舍的管理

①选好扣棚用塑料膜。在选好舍址的基础上，棚舍能否发挥更好的作用，选用塑料膜是关键环节之一。选择塑料膜要按建棚标准选择，并要注意选择无毒膜。扣膜时无论是新建舍，还是在原有旧舍基础上改建，均应采取有效措施，确保棚舍是严密的。在塑料膜与地面（墙）的接触处，要用泥土压实，防止贼风进入，发现破漏时及时黏补。

②适时扣棚和揭棚。东北地区适宜扣棚时间为 10 月下旬至翌年 3 月份。进入 3 月份外界气温逐渐回升，应逐渐扩大揭棚面积，且不可一次性揭掉，目的是防止畜禽发生感冒。

③做好保温工作。塑料膜暖棚一般只苫一层塑料膜，在北方寒冷季节，保温是不行的，为了提高塑料棚保温效果，还必须备有草帘或尼龙保温布，将其一端固定在棚的顶端，白天卷起来固定在棚舍顶端，晚上覆盖在塑料膜的表面，起到保温作用。同时还要经常巡视棚外有无破裂及漏洞，保持塑料膜清洁，并经常清扫塑料膜上的灰尘，以免影响透光率。

④适时通风换气。棚舍内中午温度最高，并且舍内外温差较大，因此通风换气应在中午前后进行，每次换气时间以 10～20 分钟为宜，通风时间的长短，因猪只大小及有害气体的含量多少而定。

（4）饲养管理配套技术

①选择优良猪种。猪的生产性能高低首先取决于自身的遗传潜力，不同品种猪的遗传潜力大不相同。在生态养猪过程中必须实现良种化，最好是选用生长发育快、早熟、抗逆性强的杂交种，如杜×本、长×本、杜×长×本杂交猪等。

②合理喂饲。

Ⅰ.科学搭配饲粮。根据当地饲料资源、生长肥育猪的营养需要和饲养标准，确定其饲料种类进行加工配合。应彻底改变那种有啥喂啥的传统方法,实行全价饲料喂养。

Ⅱ. 合理调制饲料。猪的饲料只有经过科学加工调制,才能提高饲料利用率。如粉碎的谷物比整粒的谷物、颗粒料比粉状料均可提高利用率 5%~10%。玉米等谷物饲料的粉碎细度以中等程度(直径为 1.2~1.8 毫米)为好。青料打浆饲喂比切碎喂消化率可提高 3%左右。粗饲料粉碎发酵饲喂,可提高适口性和消化率。

Ⅲ. 饲料要生喂、干喂。我国农村养猪大都习惯熟料稀喂。此法有不少缺点,应提倡生喂或干喂,这样饲喂不但可以克服熟料稀喂的缺点,而且还可以把饲料制成干粉料、颗粒料等各种形态的全价料,便于运输和保存。非粉状饲料可直接投入饲槽内让猪采食;粉状饲料既可干喂,也可用水按水料比 1∶1 拌成湿料投入饲槽喂。拌湿料时千万不能过稀。其标准为:用手握住湿料时,指缝间不滴水,松手后料自然散开。湿料拌后不宜立即喂猪,否则达不到软化饲料的目的;也不宜停放时间过长,因为这样可使水溶性维生素失效。一般适宜时间为 2~4 小时。

Ⅳ. 饲料限量饲喂。为了节省饲料,提高饲料转化率和猪胴体质量,活重 65 千克以上的肥育猪可采用两种限制食量方法。一种是将原饲喂的高能饲粮的饲喂量减少到随意采食量的 90%~95%;另一种是在饲粮中加入适量的优质青干草粉,使原高能饲粮降为低能饲粮,让猪随意采食。

Ⅴ. 饲料不限量饲喂。此法适于商品猪饲养前期肥育。若机械化养猪,即把按标准配合的饲料,一般 7~10 天往自动饲槽内投装一次,任猪自由采食,不加限制;手工操作,经常添料,保持饲槽常有料。这样可以充分发挥猪的生产潜力。

Ⅵ. 饲料少给勤添,先粗后精。猪喜吃鲜食,饲喂时少给勤添,一般日喂 3~4 次。每次喂猪时先喂青饲料,后喂精料,这样可以增加猪的食欲。

Ⅶ．供给充足的饮水，并保证清洁无污染。

③科学管理。

Ⅰ．合理分群。应根据猪的性别、体重、体质强弱等情况分群饲养，一般每群以10～15头为宜。

Ⅱ．正确调教。调教在小猪一进暖棚就开始，平时应与猪多接近，采取以食引诱、触摸抓痒、温和呼唤等方法进行调教。这样猪就会逐渐形成排泄、采食、睡觉三定位，减少污染。

Ⅲ．严格控制棚舍内的温、湿度。在10月末至11月初要及时扣好暖棚；在冬季最冷的几天内，当舍内温度低于10℃时，可适当生火加温。猪舍内饲养密度大，冲洗猪舍经常用水，若不注意，容易造成猪舍内湿度过大。因此，排湿也是暖棚养猪的关键一环。应采取适当通风措施，保持舍内60％～70％的相对湿度。

Ⅳ．保持适当的饲养密度。幼猪每头占0.3～0.5平方米，成年猪每头占1.0～1.2平方米，不能过于拥挤，一般每圈养10～12头猪较为合适。同时，要及时将棚圈内个体发育小的猪挑出来，另行饲养，每圈的猪体重不能差别太大。

Ⅴ．搞好卫生防疫，建立健全卫生防疫消毒制度。猪在入棚前，要将棚舍清扫干净，并对地面、墙壁进行彻底消毒，除用消毒药水喷洒地面和墙壁外，还可用甲醛熏蒸消毒，按每立方米容积用甲醛30毫升、高锰酸钾15克进行封闭熏蒸1～2小时。棚舍入口处增设石灰池，加强消毒，消毒液每周更换一次。圈舍每半个月用常规消毒药水进行一次消毒。加外，一般在断奶后20天进行一次驱虫，以后每隔2个月或体重每增加40千克驱虫一次。

幼猪入棚后，每天清扫粪便2次，以防粪便堆积发酵，产生有害气体，影响猪的生长发育。

暖棚养猪一般每年进行春秋二季防疫，注射各种传染病疫苗，对肥育肉猪进行一次疫苗注射。肥育猪出栏后，彻底消毒。

Ⅵ．注意观察，一是要注意观察猪的食欲和行为；二是要注意观察猪的粪便和卧息姿势,发现异常,应尽快进行诊治。

　　④适时出栏。

　　Ⅰ.品种不同,出栏时间不同。一般说早熟型品种应早出栏,而晚熟品种应晚出栏。

　　Ⅱ.掌握增重规律,确定出栏时间。生长肥育猪随着体重的逐渐增大,其增重速度加快。当体重达到一定程度时,其增重速度缓慢,这时应及时出栏。

八、怎样防治养猪常见病

(一)预防猪病的综合性措施有哪些

在养猪过程中,常常会发生各种疾病,特别是某些烈性传染病,严重影响着猪体健康和生长。因此在发展养猪生产的同时,养猪场必须首先做好猪病的预防工作。

1. 猪场选址要符合防疫要求

猪场的场址应背风向阳,地势高燥,水源充足,排水方便。猪场的位置要远离村镇、学校、工厂和居民区,与铁路、公路干线、运输河道也要有一定距离。

2. 制定合理的传染病免疫程序

传染病的发病率和带来的损失在整个猪病中占有很高比例,它不仅会造成猪群的大批死亡和畜产品的损失,而且直接影响人民的生活健康和对外贸易。预防猪传染病最有效的方法之一就是预防注射疫苗及特定的抗原,按照传染病发生的规律,合理制定免疫接种程序,减少猪群发病。

3. 加强猪群的饲养管理

加强饲养管理,是搞好猪病防治的基础,是增强猪体抗病能力的根本措施。

(1)选择优质的仔猪:从无疫地区和无病猪群购进种猪或仔猪,确保无病猪进入猪场,并建立健全隔离制度,保证必要的隔离条件。

(2)供给全价饲粮:饲粮的营养水平不仅影响猪群的生产能力,而且缺乏某些成分可发生相应的缺乏症。所以要从正规的饲料厂购买饲料,贮存时注意时间不要过长,并防止霉变和结块。在自配饲粮时,要注意原料的质量,避免饲粮配方与实际应用相脱节。

(3)给予适宜的环境温度:适宜的环境温度有利于提高猪群的生产能力。如果温度过高或过低,都会影响猪群的健康,冷热不定容易导致猪体感冒及发生其他疾病。

(4)坚持严格的卫生和消毒制度:坚持定期清理猪舍,保持环境清洁卫生,定期对猪舍进行消毒。饲养人员进猪舍前,坚持洗手,外来人员一律禁止进入猪舍。饲养人员进舍要更换工作服,喷洒药物或紫外线消毒,饲养用具固定使用,不得串换。

(5)进行必要的药物预防

①传染病、寄生虫病:根据疫病易发的季节和猪易发的月龄,可提前给予有效的药物防治,并定期给猪驱虫,达到以防为主、防重于治的目的。

②营养代谢病:饲料中的微量元素、维生素、矿物质要满足营养需要。

(二)怎样防治养猪常见病

1. 猪瘟

是由猪瘟病毒引起的一种急性、高度传染性疾病,各品种、年龄、性别的猪都易感,病猪和带毒猪是传染源,通过粪、尿和各种分泌物排出病毒。感染途径主要是消化道和呼吸道。侵入门户是扁桃体,后进入血液循环。此病具高度传染性,发病无季节性。

【临床症状】　潜伏期一般为 5～10 天。

(1)最急性型:突然发病,症状急剧,体温升高到 42℃,精神极度沉郁,卧地不起,病猪皮肤、黏膜紫绀出血。

(2)急性型:本型最多见,突然发病,病程 1～2 周,少食或不食,体温持续高热在 40～42℃,病猪寒战、鸣叫,喜喝冷水,结膜潮红发炎,有些病猪有神经症状,震颤、痉挛、抽搐;初期粪便呈干球状,后期便秘和腹泻交替出现。

(3)慢性型:病情较缓和,病程可达 20 天以上,妊娠母猪感染后可能不表现症状,但病毒通过胎盘传给胎儿,引起流产、死胎、畸形胎、木乃伊胎或产下的仔猪体质虚弱,出现震颤,最后死亡。

【病理变化】　全身淋巴结肿大,暗紫色,切面周边出血,呈大理石样,会厌软骨和喉头黏膜、膀胱黏膜、心外膜、胸膜、肠浆膜、腹膜及皮下等处有大小不一的出血点或血斑;肾呈土黄色,表面散有小红点(如麻雀蛋),脾有梗死灶。慢性猪瘟大肠黏膜有出血和坏死,在回盲瓣口、结肠黏膜上,可见大小不一的钮扣状溃疡,突出于黏膜表面。

【防治措施】　本病无有效治疗方法,各种抗菌药物治疗无效,主要是加强预防工作,严格执行疫苗接种程序。对经济价值较高的种猪,可用抗血清治疗。

2. 口蹄疫

是由口蹄疫病毒引起的主要以口、蹄病变为主的传染病。本病系人猪共患疾病。

【临床症状】　主要表现在蹄部,病初体温升高至 40～41℃,蹄冠、蹄叉、蹄锺等部出现局部红肿、微热、敏感性增高等症状,不久渐渐形成充满灰色或灰黄色水疱。水疱逐渐融合达蚕豆大小，水疱破裂后表面出血，形成暗红色的糜烂，如无细菌感染，1周左右可结痂愈合。病猪鼻镜、乳房也常见到水疱破裂后形成的烂斑，口腔黏膜形成水疱、溃疡。剖检可见心肌炎、心肌纵切面有虎斑纹、胃肠炎。患病猪大多呈良性经过，哺乳仔猪病死率较高。

【防治措施】 制定综合的预防措施，发现疫情及时上报，鉴定毒型，划定疫区进行封锁并严格消毒；病猪及同群猪扑杀，焚烧或深埋处理。受威胁区普遍进行紧急预防注射。

3. 猪流行性感冒

简称猪流感，是由猪流感病毒引起的急性呼吸道传染病。临床特点是全群的部分猪突然发病，此后全群先后感染发病，出现体温升高、咳嗽等呼吸道症状；常因猪嗜血杆菌或巴氏杆菌混合感染而病情加重。

【临床症状】 该病潜伏期短，突然发病，迅速传遍全群。病猪体温高达 40～41.5℃，精神沉郁，食欲减少或废绝，咳嗽，呼吸加快，呈明显腹式呼吸，眼、鼻流出分泌物，触摸肌肉有疼痛感，不愿走动。病程短，3～7 天即可恢复，病死率较低，一般在 5％以下。

【病理变化】 主要病变在呼吸器官，鼻、气管、支气管黏膜充血、肿胀、被覆黏液；病情稍重的病例可见肺充血、水肿、气肿，或见支气管肺炎和胸膜炎；胃肠卡他性炎症，肺部和纵隔淋巴结肿大、水肿。

【防治措施】

(1)猪舍铺垫干草，定期用 3％～5％火碱水消毒。

(2)密切注意天气变化，及时取暖保温，加强饲养管理。

(3)用猪流感佐剂灭活苗对猪接种 2 次，免疫期可达 8 个月。

(4)对于发病的猪紧急接种猪流感疫苗，或者使用猪用干扰素加敏感的药物防止继发感染。

(5)对于重症病猪用青霉素 320 万单位、链霉素 200 毫克、病毒灵 10 毫升、安乃近 20 毫升,再添加适量的地塞米松,一次性肌内注射,每天 2 次,连用 5 天。

(6)对已经发生继发感染的猪,在进行以上治疗的同时,还要进行相应的对症治疗。

4.猪繁殖与呼吸综合征

本病曾称猪蓝耳病、猪神秘病等,是近几年来新发现的一种急性、高度传染性病毒性传染病。特点是母猪怀孕后期流产或生死胎、木乃伊胎,产仔体弱,有的仔猪于生后几天死亡。

各种年龄的猪表现呼吸道症状,是危害养猪业最严重的病毒性疫病之一。

【临床症状】　母猪表现为精神沉郁,食欲减少或废绝,咳嗽和不同程度的呼吸困难。初生和哺乳期仔猪表现快速、困难的呼吸,运动失调及轻瘫等症状,产后 1 周内仔猪病死率明显增高(40%～80%)。少数感染母猪表现暂时性的体温升高(39.6～40℃),个别病猪的双耳、腹侧及外阴皮肤呈现一过性的青紫色或紫斑块。少数母猪表现为产后无乳、胎衣停滞及阴道分泌物增多等现象。

【病理变化】　最常见的病变是局限性间质性肺炎,可见胸腔积存清亮液体,肾周围脂肪、皮下、肠系膜淋巴结水肿。

【防治措施】　目前对本病尚无特异的防治方法,控制其流行的关键是切断该病的传播途径。通常繁殖障碍过程要持续 2～4 个月,此后母猪将会产生对该病的免疫力。

(1)必须从无此病种猪场引入母猪或公猪,最好进行血清学检查,阴性者方可引入。引入后仍需隔离检疫 3～4 周,健康者方可混群饲养。

(2)采取按猪龄隔离饲养,最好是采用全进全出饲养方式,这是减少该病发生最好的饲养管理措施。

(3)及时清洗和消毒猪舍,保持猪舍、饲喂用具及环境的清洁卫生。

5. 猪传染性胃肠炎

是由冠状病毒引起的一种急性、高度接触性肠道传染病。以引起2周龄以下仔猪呕吐、严重的水样腹泻和高病死率(通常100%)为特征。虽然不同年龄的猪对该病毒均易感染,但5周龄以上者病死率很低。

当病毒侵入猪场后,常常很快感染所有年龄的猪,尤其是冬天。大多数猪发生不同程度的厌食、呕吐和腹泻,哺乳仔猪最为严重,随年龄增长,病死率逐渐下降。哺乳母猪常表现厌食和无乳。猪只即使自然获得免疫力及被动免疫已经有一定的抗体水平,但由于强毒攻击,仍可发病。

【临床症状】 潜伏期短,一般为18小时至3天。仔猪突然发病,先呕吐,继而发生频繁的水样腹泻,粪便呈黄色、绿色或白色,含有凝乳块。仔猪随着腹泻体温下降,迅速脱水和消瘦,病程短,2～7天死亡。个别仔猪痊愈后发育停滞,生长受阻。成年猪仅出现食欲不振或轻微的腹泻。

【病理变化】 病变主要在消化道,胃肠黏膜充血、点状出血,胃肠腔内充满稀薄的食糜呈灰黄色。肠系膜血管、肝、脾、肾、淋巴结均表现明显的瘀血,心肌因衰竭而扩张。左心室内膜和冠状沟有明显的出血点和出血斑。

【防治措施】

(1)加强饲养管理,做好产房和保育舍的保温工作,如果产房和保育舍温度维持在25～26℃,基本上可以控制本病的发生,即使个别发生,症状也比较轻。

(2)做好卫生消毒工作,本病主要在冬季严寒时期发生,饲养员必须坚守工作岗位,对舍内门窗早晚应及时关好。舍内粪便及时清除,出入口设有消毒池,经常进行消毒。

(3)在本病多发地区,每年入冬前(8~9月份)对全场仔猪进行疫苗预防接种。

(4)本病目前没有特效的治疗药物,为了防止其严重脱水而死亡,在仔猪发病期可用盐水补液(葡萄糖 20 克、氯化钠 3.4 克、氯化钾 1.5 克,碳酸氢钠 2.5 克,温水 1000 毫升)。

6.猪细小病毒病

由猪细小病毒引起的繁殖障碍性疾病,主要表现为胎儿、胚胎的感染和死亡,而母体通常并不表现临床症状。细小病毒对外界环境的抵抗力很强,可在被污染的猪舍中存活数月之久,易造成长期连续传播。

【临床症状】 猪群暴发此病时,母猪常发生屡配不孕、窝产仔数减少、木乃伊胎、难产等临床表现。在妊娠早期(30~50 天)感染时,胚胎死亡或被吸收,使母猪不孕和不规则地反复发情。妊娠中期(50~60 天)感染时,胎儿死亡之后,形成木乃伊胎。妊娠后期(60~70 天)感染时,由于胎儿已有免疫能力,能够抵抗病毒感染,则大多数胎儿能存活下来,但长期带毒。

【病理变化】 无明显病变或仅见子宫内膜轻度的炎症,胎盘有钙化现象;受感染胎儿出现不同程度的发育不良,出现木乃伊胎、畸形胎、溶解的腐黑胎儿;感染胎儿可见充血、水肿、出血、体腔积液及脱水病变。

【防治措施】 本病目前尚无有效的治疗方法。应坚持自繁自养,防止引进带毒猪。要严格执行卫生防疫制度,在污染的猪场可采用疫苗接种或让猪自然感染产生免疫力,推迟初配日龄等方法。

7. 猪丹毒

是由猪丹毒杆菌感染引起的一种急性、热性传染病。本病传染途径有 4 种：一是通过消化道传染，猪吃了病猪的排泄物（粪、尿）或病猪血液所污染的饲料和饮水；二是皮肤的创伤处接触到丹毒杆菌；三是内源性感染；四是吸血昆虫吸了病猪的血液而带给了健康猪，从而造成了病菌传播。

【临床症状】

（1）急性败血症型：精神沉郁，食欲废绝，高热（41～42℃）。耳、颈部、腹部和四肢内面皮肤有红紫色斑，妊娠母猪流产。胃、小肠黏膜炎性肿胀和有小出血斑点。急性脾肿胀，肝、肾呈现混浊性肿胀、出血。肺水肿，腹腔和心内膜浆液性纤维素性渗出，心内外膜出血。

（2）亚急性型（荨麻疹型）：主要在颈部、胸背部、外腿部，有时全身皮肤产生一些菱形或圆形（较少）的界限明显的暗红色或紫色斑点，在斑点的表面继而产生水疱，水疱干燥后形成厚厚的痂皮，最后痂皮脱落。

（3）慢性型：主要是心内膜炎和关节炎。多在二尖瓣，有时在三尖瓣、半月瓣，常引起循环障碍，肺、肝、脾淤血及胸水。另外，有些病猪关节肿胀、僵硬，在关节腔内可见浆液性纤维素性渗出物储留，滑液膜有绒毛样增生等。

【防治措施】　此病菌广泛地存在于环境中，主要发病诱因是闷热，所以一定要注意舍内通风换气，定期预防接种猪丹毒弱毒菌苗或灭活菌苗。发生疫情时认真消毒，隔离病猪，单独饲养。治疗本病的首选药是青霉素，并可加大剂量，每千克体重 8 万单位，肌内或静脉注射，每天 3 次。

8.猪链球菌病

是由链球菌属中某些血清群引起的一些疾病的总称。猪常发生的有出血性败血症、急性脑膜炎、急性胸膜炎、化脓性关节炎、淋巴结脓肿等病状。

本病经呼吸道和伤口感染。不同年龄、性别、品种的猪都有易感性,但仔猪和体重50千克左右的肥育猪发病较多,发病的哺乳仔猪死亡率高。一年四季均可发生,春季和夏季发生较多,其他季节常见局部流行或散发;在新疫区常呈地方性流行,在老疫区多呈散发。

【临床症状】　本病潜伏期1～3天,最短4小时,长者可达6天以上。根据临床症状和病理变化,可分为败血型、急性脑膜炎型、急性胸膜肺炎型、关节炎型和淋巴结脓肿型。

(1)败血型:流行初期常有最急性病例,多不见症状而突然死亡,多数病例常见精神沉郁,喜卧,厌食,体温升高至41℃以上,呼吸急促,流浆液性鼻汁;少数患猪在病的后期,耳尖、四肢下端、腹下呈紫红色,并有出血斑点,可发生多发性关节炎,导致跛行。病程2～4天,多数死亡。

(2)急性脑膜炎型:大多数病例病初表现精神沉郁,食欲废绝,体温升高,便秘,后出现共济失调、磨牙、转圈等神经症状,后躯麻痹,前肢爬行,四肢作游泳状,最后因衰竭或麻痹而死亡。病程1～2天。

(3)急性胸膜肺炎型:少数病例表现肺炎或胸膜肺炎型。病猪呼吸急促、咳嗽,呈犬坐姿势,最后窒息死亡。

(4)关节炎型:多由前三型转变而来,也可从发病之初即呈现关节炎症状。病猪单肢或多肢关节肿痛、跛行,行走困难或卧地不起。病程2～3周。

(5)淋巴结脓肿型:主要发生于刚断乳至出栏的肥育猪,以颌下淋巴结脓肿最为多见,咽部、耳下及颌部淋巴结也可受侵害,或有双侧的。受害淋巴结呈现肿胀、硬而有热痛(炎症初期),患病猪采食、咀嚼、吞咽呈困难状,但一旦肿胀变软时(此时化脓成熟),上述症状消失,不久脓肿破溃,流出绿色或乳白色的浓汁。病程3~5周,一般不引起死亡。

【病理变化】

(1)急性败血症型:皮肤上有生前样的红斑,尸僵不全,血液凝固不良;口、鼻流出血样泡沫状的液体,淋巴结发黑,气管内充满泡沫,肺充血或有出血斑,心内膜出血,胆囊壁肿大,有时有出血块;肾呈紫色,皮质上密密麻麻地出现出血斑点;膀胱发黑,有出血病变;胃底部出血,脾脏肿大。

(2)急性脑炎型:脑脊髓液显著增多,脑部血管充血,脑膜有轻度化脓性炎症,软脑膜下及脑室周围组织液化坏死,脑沟变浅。部分病例具有上述败血症的内脏病变。

(3)急性胸膜肺炎型:肺呈化脓性支气管炎,多见于尖叶、心叶和膈叶前下部。病变部坚实,灰白、灰红和暗红的肺组织相互间杂,切面有脓样病灶,挤压后从细支气管内流出脓性分泌物。肺膜粗糙、增厚,与胸壁粘连。

(4)慢性关节炎型:受害关节肿胀,严重者关节周围化脓,关节软骨坏死,关节皮下有胶样水肿,关节面粗糙,滑液混浊,呈淡黄色,有的形成干酪样黄白色块状物。

(5)慢性淋巴结炎型:常发生于下颌淋巴结,淋巴结红肿发热,切面有脓汁或坏死。少数病例出现内脏病变。

【防治措施】

(1)彻底清除本病传染源。发现病猪,及时隔离治疗,尽可能淘汰带菌母猪,对污染的环境和各种用具彻底消毒。

(2)消除本病感染因素。猪舍内不能有易引起猪伤害的物体,如食槽破损尖锐物、碎玻璃、尖石头等易引起外伤的物体,应彻底清除;注意阉割、注射和新生仔猪的断脐消毒,防止通过伤口感染。

（3）在疫区或疫地合理使用菌苗进行预防接种。

（4）治疗:猪链球菌病多为急性型,而且对药物特别是抗生素容易产生耐药性,因此必须早期用药,药量要足,最好通过药敏试验选用最有效的抗菌药物。若未进行药敏试验,可选用对革兰氏阳性菌敏感的药物,如青霉素、四环素、洁霉素、磺胺嘧啶、环丙沙星等。

①青霉素,每头每次 40 万～80 万单位,肌内注射,每天 2～4 次。

②洁霉素,每千克体重 5 毫克,肌内注射。

③磺胺嘧啶钠注射液,每千克体重 0.07 克,肌内注射。

对已出现脓肿的病猪,待脓肿成熟后,及时切开,排出脓汁,用 3%双氧水或 0.1%高锰酸钾液冲洗后,涂敷碘酊。

9. 猪气喘病

是由猪肺炎支原体引起的慢性、接触性传染病。在猪群中可造成地方性流行,患猪长期生长发育不良,饲料转化率低。种母猪感染后,也可传给后代,导致后代不能作为种用。在一般情况下本病的病死率不高,但在流行的初期以及饲养管理条件不良时,可引起继发性感染,也会造成较大的经济损失。

不同品系、年龄、性别的猪对本病都有易感性,在寒冷的冬天和冷热多变的季节发病较多。不良的饲养管理和极差的卫生条件会降低猪的抵抗能力,易于发生本病。传染途径主要通过呼吸道。本病一旦传入猪群中,如不采取严密措施,很难彻底扑灭。

【临床症状】 体温变化不大,咳嗽次数逐渐增多,随着病程的发展而发生呼吸困难,表现为明显的腹式犬坐式呼吸,急促而有力,严重的张口喘气,像拉风箱似的,有喘鸣音。此时患病猪精神委顿,食欲减少或废绝,消瘦,皮毛粗乱,生长发育不良,病程可持续 2～3 个月以上。常由于抵抗力降低而并发肺炎,这是造成气喘病猪死亡的主要原因。小母猪、怀孕和哺乳母猪,则容易发生急性型气喘病,症状与上述相似。有少数病猪发病初期体温稍有升高,病程较短,1 周左右,常因衰竭和窒息而死亡,病死率较高。

【病理变化】 主要在肺,有不同程度的水肿和气肿,两肺的尖叶和心叶呈对称性、融合性支气管肺炎病变。常于尖叶、心叶、中间叶下垂部和膈叶前部下缘,出现淡红色或浅紫色呈虾肉样病变,肺门、纵隔淋巴结明显肿大,质硬,切面灰白色。随着病情发展,上述肺叶部分呈现不同程度的肉变,肉变区与正常肺组织界限明显。其他内脏一般无明显变化。在诊断本病时应注意继发其他疾病,如猪流感、猪肺疫和猪肺寄生虫病等引起的混合感染。

【防治措施】

(1)预防和消灭气喘病主要在于坚持预防为主,采取综合性防治措施,坚持自繁自养,必须引进种猪时,应经检疫证明无疫病,方可混群饲养。给种猪和新生仔猪接种猪气喘病弱毒疫苗或灭活疫苗,以提高猪群免疫力。

(2)加强饲养管理,保持猪群合理、均衡的营养水平,加强消毒,保持圈舍清洁、干燥、通风,减少各种应激因素,对控制本病有着重要的作用。

(3)在严格消毒下剖腹取胎,仔猪在严格隔离条件下人工哺乳,培育和建立无特定病原(SPF)猪群,以新培育的健康母猪取代原来的母猪;也可采取用 X 光透视留种等方法,逐步使猪场变成无气喘病的健康猪场。

(4)用土霉素油制剂注射,即土霉素 25 克加入植物油(如花生油等)100 毫升,均匀混合,在颈、背两侧深部肌肉分点轮流注射,小猪 2 毫升,中猪 5 毫升,大猪 8 毫升,每隔 3 天一次,5 次为一疗程,重症猪可进行 2～3 个疗程,并用氨茶碱 0.5～1 克肌内注射,有较好疗效。

（5）林可霉素按每千克体重 4 万单位肌内注射，每天 2 次，连续 5 天为一疗程，必要时进行 2～3 个疗程。也可用泰乐菌素 15 毫克/千克体重连续注射 3 天，有良好的效果。

10. 猪传染性胸膜肺炎

是由猪胸膜肺炎放线杆菌引起的接触性呼吸道传染病，以高热、纤维素性胸膜炎、出血性肺炎为特征。一年四季均可发生，但以秋末和春初气候骤变、长途运输时多发，舍内湿度过大、空气流通不良时常诱发本病。传染源是病猪和带菌猪，通过空气飞沫和直接接触而传播，也可以通过配种传播。该菌能使各年龄、性别、品种的猪感染而发病，但以 2～5 月龄猪最易发生。

【临床症状】　急性型发病突然，病程短，死亡快，一般表现为体温突然升高，达 41～42℃，精神沉郁，食欲减退或废绝，呼吸困难，张口伸舌、咳嗽、气喘，流鼻涕，呈犬坐式呼吸，尿呈黄红色，临死前口、鼻流出大量带有泡沫的血样黏性分泌物，少数发病 3～5 天衰竭而死亡，大多数可耐过。耐过者两耳、胸腹部和四肢皮肤出现紫色血斑，继而全身皮肤出现紫斑。

【病理变化】　主要病变是鼻腔、气管、支气管内有大量带有泡沫的血样黏性渗出液；肺门淋巴结肿大、充血；双侧肺心叶与尖叶有胰样变化，急性炎症有广泛纤维素性胸膜肺炎，胸膜粗糙，甚至整个肺与胸膜粘连；肝、脾肿大出血；小肠臌气，肠腔中有淡黄色稀粪。

【防治措施】

（1）对出现临床症状的病猪进行隔离观察、饲养和治疗。应根据药敏试验的结果，选择菌株高度敏感的药物防治。病死猪均须经严格消毒后运到指定的地点进行处理。

（2）对全场猪舍、猪体、饲槽、用具和场地用 0.4% 过氧乙酸溶液进行喷雾消毒，每天 1 次，连续 7 天。

（3）对未发病的猪用猪传染性胸膜肺炎灭活菌苗进行紧急免疫注射。但应选用与当地菌株型相符的菌苗，有条件的可用患病猪的病料自制灭活菌苗接种，效果较佳。

（4）保持圈舍卫生，减少有害气体对猪只呼吸系统的损害。调整饲养密度，气候骤变时，注意圈舍的保暖和通风等措施是控制和预防本病的一项重要措施。

（5）可在饲料中添加土霉素等，一般连用3～5天，每隔10天再用1个疗程。但不能长期使用同一种抗生素，以免产生抗药性。

11. 仔猪黄痢

又称早发性大肠杆菌病，是发生在出生后几小时到1周以内（以1～3日龄最为常见）的仔猪的一种急性高度致死性传染病，以剧烈腹泻、排出黄色或黄白色水样粪便以及迅速脱水为特征。

本病主要经消化道感染，带菌母猪的粪便污染自身的皮肤与乳头后，仔猪吮乳或舐母猪皮肤时进入肠道引起发病。腹泻仔猪由粪便排出大量病菌，污染外界环境，通过水、饲料和用具传染给其他母猪，成为新的传染源。无季节性，一般在猪场一次流行后，经久不断，只是发病率与病死率有所下降，一般不会自行消失。

【临床症状】 仔猪在出生时体况正常，于12小时后，一窝仔猪突然有1～2头表现全身衰弱，很快死亡，以后其他仔猪相继发生腹泻，粪便为黄色浆糊状，含有凝乳块。捕捉时，患病仔猪由于挣扎和鸣叫时常由肛门冒出稀粪，机体迅速消瘦、脱水、死亡。

【病理变化】 死亡仔猪脱水干瘦，皮肤皱缩，肛门裂开，周围黏有黄色粪便，显著的变化是胃肠道黏膜上皮的变性和坏死。胃膨胀，胃内充满酸臭和凝乳块，胃底部黏膜潮红，部分病例有出血斑块，表面有多量黏液覆盖。小肠尤其是十二指肠膨胀，肠壁变薄，充血水肿，肠腔内充满腥臭的黄色、黄白色稀薄内容物，有时混有血液、凝乳块和气泡，其他肠段也出现气体，黏膜上皮脱落，绒毛祖露,肠系膜淋巴结肿大、充血,切面多汁。

【防治措施】

(1)加强饲养管理:注意清洁卫生,及时清粪,保持猪床干燥;定期消毒,接产时用 0.1％高锰酸钾溶液擦拭乳头和乳房,并挤掉乳头中的少量乳汁,使仔猪尽早吃上初乳。

(2)菌苗预防:选用大肠杆菌 K_{88}、K_{98}、987P、F41 四价菌苗,初产母猪产前 4 周、前 2 周各接种一次,经产母猪于产前 2 周接种一次。

(3)药物治疗:土霉素、磺胺类(复方新诺明)、氟派酸等均为敏感药物。但是,由于长期使用上述药物,大肠杆菌对其普遍产生了较大的耐药性,有些菌株能同时耐受多种药物,因此,为了提高药物治疗效果,建议每隔一段时间(1 年或半年)进行一次大肠杆菌药敏试验调查,掌握细菌药敏状态的变化,减少用药的盲目性。治疗时尽量联合用药,或 2～3 个月轮换用药,既可提高疗效,还能减少耐药菌株的产生。

12. 仔猪白痢

病原体为致病性大肠杆菌,是一种革兰氏阴性、无芽胞、不形成荚膜的短杆菌。该菌对外界环境抵抗力不强,常用消毒药和消毒方法即可达到消毒目的。

本病主要发生于 7～30 日龄仔猪。此病菌常存在于猪的肠道内,在正常情况下不会引起发病。当猪舍卫生不好,环境污染,温度骤变,母猪的奶汁过稀或过浓,造成仔猪抵抗力降低时,就会发病。此病高度传染,一窝小猪中有一头腹泻,若不及时采取措施,就会很快传播。

【临床症状】　　腹泻,排白色、糊状、腥臭味稀便,肛门周围被稀便污染,喜欢钻进垫草里卧睡,慢慢消瘦而死亡。病死率的高低与饲养管理及治疗情况有直接关系。

【病理变化】　　主要是卡他性胃肠炎。病猪身体消瘦,脱水,皮肤苍白,肛门及尾根部黏着灰白色带腥臭的粪便。主要病变位于胃与小肠部分,胃内有少量凝乳块,黏膜充血、出血、水肿,肠壁菲薄,灰白色半透明,肠黏膜易剥脱,肠内有大量气体与少量灰白色或黄白色腥臭粪便。

【防治措施】

(1)与仔猪黄痢相似,治疗的同时可以用收敛药物,可交巢穴注射抗生素。

(2)对怀孕的后备母猪和经产母猪采取合理的免疫程序。

(3)产房的清洁、温暖和干燥特别重要,要使新生仔猪从免疫良好的母猪上吸取足够的初乳。

13.猪水肿病

本病是由某些溶血性大肠杆菌所产生的毒素引起,多发生于断奶后仔猪,常呈地方性流行。又称猪胃肠水肿病或猪大肠杆菌肠毒血症。以突然发病,头部水肿、共济失调、惊厥和麻痹为特征。该病在临床上虽然发病率低,但病死率较高,有些病例常来不及治疗即死亡,如不做好预防和及时治疗,将造成很大的经济损失。

本病与一般传染病不同,有时突然一窝仔猪发病,病程短,病死率高,有时同窝仅有1~2头发病,其他仔猪轻微或无症状;病的发生无明显季节性,但多发于春秋两季,以断奶后不久、营养良好的肥胖仔猪发病较多;本病呈地方性流行,一般不会广泛传播,只是某些猪场和某些窝个别发生,一般发病率不超过20%,但近年来,据临床统计有上升趋势,发病率可高达35%。

【临床症状】　　突然发病,精神沉郁,食欲废绝。病猪眼睑、头部、下颌发生水肿,严重时可引起全身水肿。病初出现兴奋不安,共济失调,倒地抽搐,四肢呈划水状、转圈、痉挛等神经症状;后期卧地不起,骚动不安,嗜睡或昏迷,叫声嘶哑,眼睑剧烈肿胀,四肢及两耳发紫。体表淋巴结明显肿大,张口呼吸,最后衰竭死亡。

【病理变化】 典型的变化在胃壁和肠系膜。胃水肿最常见于大弯部,有时发生于贲门部并扩展至食管部与胃底部,有时可见散在的局部性水肿。肠系膜水肿多见于结肠系膜和小肠系膜,水肿液量多且透明,切开呈胶冻状。全身淋巴结肿大,切面多汁。个别病例可见到心肌变性(呈现灰黄色斑纹)和大脑水肿,胸、腹腔积液。

【防治措施】

(1)迅速改变单一的饲料,停喂蛋白质过高的浓缩饲料,增加富含矿物质和维生素的饲料。

(2)经常消毒,冲洗圈舍,保持清洁卫生。

(3)防止饲料应激,仔猪断奶前后要在饲料中添加抗应激药物,要做到限量饲喂,饲料中适当掺入青饲料及麸皮,有条件的猪场最好在断奶前1周及断奶后2周给每头仔猪肌内注射2毫升组织胺蛋白,效果较佳。

(4)早期应用盐类泻剂,如硫酸镁或硫酸钠10～15克口服,有脑水肿、颅内压升高等神经症状时,可用50%葡萄糖溶液20～40毫升;或20%甘露醇注射液50～100毫升;或25%山梨醇注射液50～100毫升静脉注射。

(5)仔猪开食后,可在饲料中添加亚硒酸钠、维生素E和益生素,以促进其消化功能的恢复和调节新陈代谢。

14. 仔猪红痢

又称仔猪出血性肠炎,是由C型魏氏梭菌引起的仔猪急性肠道传染病。其临床特征为患病仔猪出血性下痢,病程短,死亡率高。

本病常发于1～3日龄的哺乳仔猪,7日龄以上很少发病。本病发病季节不明显,任何品种的猪均可感染,带菌母猪和病猪是主要的传染源。病菌随粪便排出体外,污染猪舍和哺乳母猪的乳头、皮肤,初生仔猪通过吮吸母猪乳头或舔食污染地面而感染。病菌侵入空肠中,在肠壁内繁殖,产生强烈的外毒素,使受害肠壁充血、出血和坏死。

【临床症状】 本病的潜伏期很短,一般可分为急性型、亚急性型和慢性型 3 种。

(1)急性型:此型最为常见,仔猪初生后 3 小时左右或当日即可发病,表现突然下痢,排出血样稀便,随之虚弱,衰竭,拒绝吮乳,数小时内死亡。也有少数病猪未见下痢,有的本次吮乳时正常,下次吮乳时死于一旁。

(2)亚急性型:病程在 2 天左右。病猪下痢,食欲不振,消瘦,脱水,其后躯沾满血样或稍带黄色稀便,并常混有坏死组织碎片和小气泡。一窝仔猪往往所剩无几或全部死亡,其死亡日龄常在 5 日龄左右。

(3)慢性型:此种类型除有急性或亚急性不死转为慢型外,也有个别的于生后就以慢性经过。病猪呈现特续性出血性腹泻,粪便黄灰色糊状,或稍带红色,肛门周围附有粪痂,生长停滞,于 10 日龄左右死亡或成为僵猪。

【病理变化】 病变主要在空肠,有时还扩展到整个回肠,一般十二指肠不受损害。急性的为出血性肠炎,亚急性或慢性的可见肠坏死,而出血性病变不太严重,坏死的肠段呈浅黄色或土黄色,其浆膜下层及充血的肠系膜淋巴结中有小气泡。心肌苍白,心外膜有出血点。肾呈灰白色,皮质部小点出血。膀胱黏膜也有小点出血。

【防治措施】

(1)搞好猪舍和环境的卫生消毒工作,在接生前对母猪的乳头和周围皮肤要进行清洗和消毒,以减少本病的发生和传播。

(2)在本病多发地区或猪场,母猪分别于产前 1 个月或半个月注射仔猪红痢灭活菌苗,使新生仔猪通过吸吮母猪乳汁获得被动免疫。

（3）对正在发生本病的猪场,仔猪一出生就口服青霉素、链霉素等抗菌类药物,连用2～3天。

（4）由于本病病程短促,发病后用药治疗往往疗效不佳,病畜一般预后不良。

15. 仔猪副伤寒

是由猪霍乱沙门氏菌和猪伤寒沙门氏菌引起的仔猪传染病,多发生于2～4月龄仔猪。急性病例为败血症变化,慢性病例为大肠坏死性肠炎及肺炎。

【临床症状】

（1）急性型（败血型）:多见于断奶后不久的仔猪,体温升高（41～42℃）,食欲减退、寒战、呕吐,常堆叠一起。病初便秘后腹泻,粪便淡黄色或灰绿色,恶臭,有时出血;病后期腹部、耳及四肢皮肤出现深红色或青紫色斑点。病猪呼吸困难,体温下降,一般经2～6天死亡。

（2）慢性型（结肠炎型）:此型常见,与肠型猪瘟相似,病猪扎堆、寒战,眼有黏液性或脓性分泌物,便秘与腹泻交替发生,粪便呈灰绿色,恶臭、混有血液。病猪消瘦,常呈现收腹上吊,弓背,尖叫,似有腹痛症状。腹部皮肤上出现痂样湿疹。有些病猪咳嗽,体温升高。病程2～3周或更长,未死的以后发育不良或复发。

【防治措施】

（1）初乳对肠道细菌感染有显著的保护力,充足的初乳,合理及早补料,促进消化器官发育,有利于预防本病发生。

（2）对本病常发地区或猪场,进行免疫注射或以口服菌苗方法预防。

（3）发病后,将病猪隔离治疗,对被污染的猪舍彻底消毒。耐过的猪应隔离育肥或予以淘汰。病死的猪禁止食用,严防中毒。
对未发病的猪,在每吨饲料中加入金霉素 100 克,或磺胺二甲嘧啶
100 克,混匀饲喂,有预防作用。治疗药物可选用敌菌净,每千克
体重 1 片,口服;喹乙醇,每千克体重 1 片,口服。

16. 猪痢疾

是由密螺旋体引起的一种严重的黏液性出血性腹泻病,主要
发生在猪的生长发育期间,多由被病原污染的饲料或污水引起,病
猪表现为血样痢疾。

【临床症状】 大多数猪最初出现黄色到灰色的软便。体温升
高(40℃以上),感染后几个小时到几天,粪便中出现大量黏液,并
带有血块,随着腹泻进一步发展,可见到鲜血和白色黏液纤维素性
渗出碎片。病猪弓背、腹痛,长期腹泻造成脱水,逐渐消瘦、虚弱,
运动失调和衰竭。

【治疗】 特效药是痢菌净、杆菌肽、庆大霉素等。

17. 猪布氏杆菌病

是由布氏杆菌引起的一种慢性接触性人猪共患的传染病,病
原体主要存在于猪子宫、阴道排出的分泌物、胎衣和流产胎儿中,
其他组织较少,各种年龄猪都有易感性。本病的主要传播途径是
生殖道和皮肤黏膜、消化道,常由交配时感染。可引起母猪流产、
不孕,公猪睾丸炎,是严重危害种猪生产的一种疾病。

【临床症状】 病猪通常在妊娠中后期流产,流产的前兆症状
常见病猪精神沉郁,阴唇和乳房肿胀,发生阴道炎或子宫炎,阴道
流出黏液性或黏脓性腥臭分泌物,排出的胎儿多为死胎,极少出现
木乃伊胎,流产后常伴有体温升高。公猪常发生睾丸炎和附睾炎,
表现为一侧或两侧无痛性肿大,性欲减退,失去配种能力。病猪有
时可见关节炎、跛行或后躯麻痹,在皮下各处形成脓肿,呈消耗性

慢性经过。

【病理变化】　流产胎儿皮下、肌间有出血性、浆液性浸润；胸腔、腹腔内有纤维素性渗出物；胃肠黏膜有出血点；胎衣水肿、充血、出血，流产母猪子宫黏膜上有多个黄白色、芝麻粒大小的坏死结节。

【防治措施】

(1)对母猪群应定期采血进行血清学检验，可用平板凝集法，该方法操作简单，敏感度高，发现可疑阳性猪进行血清补体结合反应检验，若为阳性，立即隔离，及早处理。

(2)坚持自繁自养，引进种猪时要严格隔离1~3个月，经检疫确认为阴性后，才可投入生产群使用。

(3)加强消毒工作，保持猪舍卫生清洁，如果猪群发生流产，应立即隔离流产母猪，经血清学检验为阳性者应及时扑杀，并做无害化处理。流产的胎儿、胎衣、羊水以及阴道分泌物做消毒处理后再销毁，对已污染的环境要进行彻底消毒。

(4)经检疫阴性的猪用布氏杆菌猪型2号弱毒冻干菌苗进行免疫接种。

18. 猪传染性萎缩性鼻炎

是由支气管败血波氏杆菌引起的慢性传染病。其主要特征为患猪鼻炎，鼻甲骨下陷萎缩，颜面部变形及生长迟缓。任何年龄的猪均可感染，但哺乳仔猪，特别是6~8周龄的仔猪最易感，多引起鼻甲骨萎缩。随着年龄增长，发病率有所下降，病症减轻，3月龄以后的猪感染，症状不明显，一般成为带菌猪。病猪和带菌猪是本病的主要传染源，传播方式主要通过飞沫感染易感猪。多为散发，但也可成为地方性流行。

【临床症状】　生后1周仔猪首先出现严重的打喷嚏，鼻塞不通。随病程的发展，出现上颌变短或扭曲。感染猪生长发育不良，饲料转化率不高,鼻甲骨萎缩。

【病理变化】　本病早期可见鼻黏膜充血、水肿,有黏液性或脓性分泌物。最具有特征的病变是鼻甲骨萎缩,特别是鼻甲骨的下卷曲受损害最常见;鼻甲骨上下卷曲及鼻中隔失去原有的形状,弯曲或萎缩。

【防治措施】

(1)用抗生素类药物早期预防可以降低此病的发生率,一般在出生后第三天、第七天和第十四天时给仔猪注射四环素,或断奶仔猪在饲料中加抗生素,连喂几周,可以预防此病。

(2)注射猪传染性萎缩性鼻炎灭活菌苗可以预防此病的发生。

(3)管理上做到全进全出,良好的卫生条件也能消除病因。

19. 跛行病

(1)营养缺乏或营养失调造成的跛行

【临床症状】　营养缺乏症或营养失调主要是由饲料中钙、磷比例失调或钙、磷不足以及锰、铜等元素缺乏引起的。另外,维生素D、维生素B_1、维生素B_2、维生素A等缺乏也会引起跛行。多发生于刚断奶的仔猪、妊娠后期母猪、生长迅速的育肥猪。维生素D缺乏时,除发生与钙、磷比例失调相同的症状外,也常出现四肢跛行,严重时出现关节肿大,步态不稳,强直性痉挛、麻痹、瘫痪等。

【防治措施】　饲料中要供给充足的矿物质,尤其保持钙、磷比例平衡,钙、磷比例保持在(1～1.5):1。饲料中要供给充足的维生素,尤其是维生素D要充足,同时饲料中B族维生素也要有保证,因B族维生素是减少猪跛行的一种具有较好效果的营养素。此外,经常给猪喂些晒干苜蓿、红色(黄色)沙黏土等,有助于防止维生素D缺乏症的发生。

(2)风湿性跛行

【临床症状】　本病是一种慢性变态反应性全身肌肉组织发炎、萎缩的疾病。促使本病发生的因素为潮湿、寒冷、运动不足及饲料的急剧改变等。本病多突然发生,一般先从后肢开始,逐渐扩展到腰部乃至全身。病猪多喜卧,驱赶时可勉强走动,跛行可随运动时间延长而逐渐减轻或消失,局部疼痛也逐渐缓解。体温、呼吸、脉搏基本正常,食欲减退。

【防治措施】　水杨酸钠注射液 10～20 毫升,静脉或肌内注射;安乃近或安痛定注射液 10～20 毫升,肌内注射;2.5％醋酸可的松注射液 5～10 毫升(一般加等量的 0.25％～1％盐酸普鲁卡因),肌内注射;氢化可的松注射液 2～4 毫升(一般加 80 万～160万单位青霉素),做关节腔内注射(在无菌条件下进行),可取得一定疗效。

20. 疥螨病

猪疥螨是猪皮肤病中最普遍和危害较重的一种,是由猪疥螨虫潜入皮肤所引起的病症。疥螨感染的严重性根据猪群的健康状况而定。如果猪群的健康状态良好,则疥螨的存在危害不大;但是一旦猪群有其他疾病侵扰,疥螨病的危害程度可加重。虽然管理不良与疥螨虫感染的关系密切,但疥螨虫在管理良好的状况下也能发生。

【临床症状】　本病是由螨虫寄生于猪的表皮深层而引起的一种以剧痒为特征的传染病。先发生于猪的眼圈、颜面、鼻部和耳基部颈侧,而后逐渐向其他部位蔓延。患部皮屑和被毛脱落,皮肤潮红,可见有渗出液结成的痂皮。严重的患部皮肤出现皱褶或龟裂,患猪食欲不振,消瘦。疥螨虫可在显微镜下检查皮肤碎屑中找到,特别是耳部刮皮。疥蛾病容易辨认,当猪群都有瘙痒而无斑疹现象时,常是疥螨虫感染的征兆。

【防治措施】　有效控制猪疥螨病要做到定期驱虫和圈舍消毒,妊娠母猪驱虫后才可转入分娩舍;断奶仔猪驱虫后再合圈;新引进猪驱虫后再入舍;公猪群一年 2 次驱虫。

(1)用 1‰～2‰硫化钾溶液药浴。必须是全舍猪或整圈猪同时处理。间隔 10 天重复一次最佳。

(2)伊维菌素或阿维菌素按说明书剂量,隔 7～10 天后重复注射。

(3)用 0.5％螨净(嘧啶基硫代磷酸盐)乳剂涂擦患部,1 周后再重复 1 次。

21. 直肠脱

【临床症状】　本病是指连接肛门的直肠,一部分脱出肛门之外,又叫脱肛。可观察到病猪频频努责,有排粪姿势。直肠脱出物呈圆筒状下垂,初期黏膜颜色鲜红,然后淤血水肿,暗红紫色,表面污秽不洁,甚至出血、糜烂、坏死。病重的猪吃食减少,排粪困难。

【防治措施】

(1)提高舍内温度,防止猪舍潮湿及腹泻或便秘。

(2)用温热的 0.1％～0.2％高锰酸钾溶液、10％高渗食盐水、1％明矾水清洗脱出的直肠,以针头刺破水肿的黏膜,挤出水肿液,将坏死的黏膜和水肿黏膜剪去,注意不要剪破直肠黏膜的肌层和浆膜。用药液清洗,送回肛门内,肛门荷包缝合或结节缝合 2 针。

(3)脱出的肠管如坏死、穿孔,可手术切除。清洗术部、消毒、麻醉,于肛门处正常肠管上,用消毒的 2 根长封闭针,呈"十"字形穿过固定肠管,在固定针后 2 厘米处切除脱出的肠管,结扎止血,于环行的两层肠管断端行全层结节缝合、黏膜内翻缝合,涂抹碘甘油或青霉素粉,拨出固定针,将肠管还纳肛门内。可用 2％利多卡因行尾、荐椎硬膜外腔麻醉,以防止努责。术后全身应用抗菌药物。

附录一　常用猪饲料营养成分表

饲料名称	干物质 (%)	消化能 (兆焦/千克)	代谢能 (兆焦/千克)	粗蛋白质 (%)	粗纤维 (%)	钙 (%)	磷 (%)	赖氨酸 (%)	蛋氨酸＋胱氨酸 (%)
草木樨	16.4	1.42	1.34	3.8	4.2	0.22	0.06	0.17	0.08
苜蓿	29.2	2.85	2.72	5.3	10.7	0.42	0.09	0.20	0.08
大白菜	7.0	0.75	0.67	1.8	1.1	0.05	0.03	0.04	0.04
胡萝卜秧	20.0	1.67	1.59	3.0	3.6	0.40	0.08	0.14	0.08
甘蓝	12.3	1.26	1.21	2.3	1.7	0.26	0.04	0.09	0.07
灰菜	18.3	1.67	1.59	4.1	2.9	0.34	0.07	—	0.08
苦荬菜	15.0	1.92	1.84	4.0	1.5	0.28	0.05	0.16	0.08
牛皮菜	9.7	0.88	0.84	2.3	1.2	0.14	0.04	0.04	0.06
绿萍	6.0	0.71	0.67	1.6	0.9	0.06	0.02	0.07	0.04
苕子	15.6	1.72	1.63	4.2	4.1	0.12	0.02	0.21	0.13
水稗草	10.0	1.17	1.13	1.8	2.0	0.07	0.02	—	—
水浮莲	4.1	0.50	0.50	0.9	0.7	0.08	0.01	0.04	0.03
水葫芦	5.1	0.59	0.54	0.9	1.2	0.02	0.02	0.04	0.04
水花生	10.0	1.17	1.13	1.3	2.2	0.04	0.02	0.07	0.03
甘薯	24.6	3.85	3.68	1.1	0.8	0.06	0.07	0.05	0.08
甘薯干	89.0	13.14	13.56	3.8	2.2	0.15	0.11	0.14	0.09
萝卜	8.2	1.05	1.00	0.6	0.8	0.05	0.03	0.02	0.02
马铃薯	20.71	3.14	2.89	1.5	0.6	0.02	0.04	0.07	0.06
南瓜	10.0	1.51	1.42	1.7	0.9	0.02	0.01	0.07	0.08

饲料名称	干物质（%）	消化能（兆焦/千克）	代谢能（兆焦/千克）	粗蛋白质（%）	粗纤维（%）	钙（%）	磷（%）	赖氨酸（%）	蛋氨酸＋胱氨酸（%）
甜菜	15.0	2.05	1.92	2.0	1.7	0.04	0.02	0.02	0.02
西瓜皮	6.0	0.59	0.54	0.6	1.3	0.02	0.02	0.01	0.01
紫云英草粉	88.0	6.86	6.28	22.3	19.5	1.42	0.43	0.85	0.34
大豆秸料	93.2	0.71	0.67	8.9	39.8	0.87	0.05	0.27	0.14
谷糠	91.6	4.69	4.44	8.6	28.1	0.17	0.47	0.21	0.25
花生藤	90.0	6.90	6.44	12.2	21.8	0.28	0.10	0.40	0.27
玉米秸粉	88.0	2.30	2.18	3.1	28.5	1.55	0.11	0.26	0.16
槐叶粉	88.8	10.00	9.25	3.3	33.4	0.67	0.23	0.05	0.07
玉米	89.1	14.48	13.64	17.8	11.1	1.91	0.17	0.78	0.23
高粱	88.4	13.97	13.14	8.9	2.0	0.04	0.21	0.27	0.31
小麦	89.3	14.31	13.39	8.7	2.2	0.09	0.28	0.22	0.20
大麦	91.8	13.18	12.34	12.1	2.4	0.07	0.36	0.33	0.44
燕麦	90.3	12.01	11.30	11.6	8.9	0.15	0.33	0.40	0.37
稻谷	90.6	12.01	11.21	8.3	8.5	0.07	0.28	0.31	0.22
荞麦	87.9	11.09	10.38	12.5	12.8	0.13	0.29	0.67	0.65
碎米	88.0	14.69	13.89	8.8	1.1	0.04	0.23	0.34	0.36
小米	86.8	14.02	13.18	8.9	1.3	0.05	0.32	0.15	0.47
大麦麸	87.0	12.38	11.51	15.4	5.1	0.33	0.48	0.32	0.33
大麦糠	88.2	10.21	9.54	12.8	11.2	0.35	0.48	0.32	0.33
高粱糠	88.4	12.09	11.34	10.3	6.9	0.30	0.44	0.38	0.39
米糠	90.2	12.64	11.80	12.1	9.2	0.14	1.04	0.56	0.45
统糠(三七)	90.0	3.18	3.01	5.4	31.7	0.36	0.43	0.21	0.30
统糠(二八)	90.6	2.09	2.01	4.4	34.7	0.39	0.32	0.18	0.26
小麦麸(八四)	88.0	10.59	9.87	15.4	8.2	0.14	1.09	0.54	0.58
小麦麸(七二)	88.0	12.43	11.55	14.2	7.3	0.12	0.85	0.54	0.57

饲料名称	干物质（%）	消化能（兆焦/千克）	代谢能（兆焦/千克）	粗蛋白质（%）	粗纤维（%）	钙（%）	磷（%）	赖氨酸（%）	蛋氨酸＋胱氨酸（%）
玉米糠	87.5	10.92	10.25	9.9	9.5	0.08	0.48	0.49	0.27
三等面粉	87.8	14.10	12.97	11.0	0.8	0.12	0.13	0.42	0.67
蚕豆	88.0	12.89	11.72	24.9	7.5	0.15	0.40	1.66	0.64
大豆	88.0	16.57	14.64	37.0	5.1	0.27	0.48	2.30	0.95
黑豆	88.0	16.40	14.48	36.1	6.7	0.24	0.48	2.18	0.92
豌豆	88.0	12.97	11.88	22.6	5.9	0.13	0.39	1.61	0.56
小豆	88.0	13.35	12.26	20.7	4.9	0.07	0.31	1.60	0.24
豆饼（机榨）	90.6	13.56	11.88	43.0	5.7	0.32	0.50	2.45	1.08
豆粕（浸提）	92.4	13.10	11.34	47.2	5.4	0.32	0.62	2.54	1.16
菜籽饼（机榨）	92.2	11.59	10.25	36.4	10.7	0.73	0.95	1.23	1.22
菜籽饼（浸提）	91.2	11.21	9.79	83.5	11.8	0.79	0.96	1.35	1.46
棉仁饼（带部分壳机榨）	92.2	11.55	10.33	33.8	15.1	0.31	0.94	1.29	0.74
棉仁粕（带部分壳浸提）	91.0	10.96	9.62	41.2	12.0	0.36	1.02	1.39	0.87
亚麻仁饼（机榨）	92.0	11.09	9.96	33.1	9.8	0.58	0.77	1.18	0.75
亚麻仁饼（浸提）	89.0	10.13	9.00	36.2	9.2	0.58	0.77	1.20	1.00
芝麻饼（机榨）	92.0	13.39	11.67	39.2	7.2	2.24	1.19	0.93	1.31
向日葵仁粕（带部分壳机榨）	93.8	9.96	8.95	28.7	19.8	0.41	0.81	1.13	1.16
向日葵仁粕（带部分壳浸提）	92.5	9.12	8.12	32.1	22.8	0.41	0.84	1.17	1.36
玉米胚牙饼（机榨）	90.0	13.47	12.47	16.8	5.7	0.03	0.85	0.69	0.57
米糠饼（机榨）	90.7	10.75	10.04	15.2	8.6	0.12	1.49	0.63	0.45
醋糟	35.2	4.73	4.48	8.5	3.0	0.73	0.28	0.27	0.55
豆腐渣	15.0	1.38	1.30	3.9	2.8	0.02	0.04	2.20	0.12
粉渣（豆类）	14.0	1.26	1.17	2.1	2.8	0.06	0.03	—	—

饲料名称	干物质（%）	消化能（兆焦/千克）	代谢能（兆焦/千克）	粗蛋白质（%）	粗纤维（%）	钙（%）	磷（%）	赖氨酸（%）	蛋氨酸＋胱氨酸（%）
粉渣（薯类）	11.8	1.26	1.21	2.0	1.8	0.08	0.04	0.14	0.12
酒糟	32.5	3.39	3.22	7.5	5.7	0.19	0.20	0.33	0.80
鱼粉（等外）	91.2	9.41	8.74	38.6	0	6.13	1.03	2.12	1.3
鱼粉（国产）	89.5	11.42	9.75	55.1	0	4.95	2.15	3.64	1.91
鱼粉（进口）	89.0	12.43	10.41	62.0	0	3.91	2.90	4.35	2.21
肉粉	92.0	12.55	10.67	54.4	0	8.27	4.10	3.00	1.43
肉骨粉	92.4	12.01	10.42	45.0	0	11.00	5.90	2.49	5.02
血粉（猪血）	88.9	10.92	8.62	84.7	0	0.20	0.22	7.07	2.27
蚕蛹（全脂）	91.0	15.65	13.31	53.9	0	0.25	0.58	3.66	2.74
蚕蛹渣（脱脂）	89.3	12.72	10.41	64.8	0	0.19	0.75	4.85	3.58
酵母	91.7	12.22	10.59	47.1	0	0.45	1.48	2.57	1.40
贝壳粉	0			0	0	32.60	—	0	0
骨粉	0			0	0	30.12	13.46	0	0
石粉	0			0	0	35.00	0	0	0
磷酸氢钙	0			0	0	23.10	18.70	0	0

附录二　猪的日粮配方

仔猪日粮配方

1. 仔猪人工乳配方

项目 ＼ 编号	1	2	3
牛乳(毫升)	1000	1000	1000
全脂乳粉(克)	50	100	200
葡萄糖(克)	20	20	40
鸡蛋(枚)	1	1	1
矿物质溶液(毫升)	5	5	5
维生素溶液(毫升)	5	5	5
其中含有：			
干物质(%)	19.6	23.4	24.65
总能(兆焦)	4.48	5.65	5.23
消化能(兆焦)	4.017	4.77	5.19
粗蛋白质(克/升)	56.0	62.6	62.3

注：适用于初生至 10 日龄的仔猪。配方中除鸡蛋、矿物质、维生素溶液外，用蒸汽高温煮沸消毒，冷凉后加入前述营养物质。

2. 仔猪日粮配方之一(适用于 10~20 千克体重)(%)

项目　　　编号	1	2	3	4	5
玉米	54.4	55.1	57.8	57.4	57.4
豆粕	28.6	26.5	23.4	25.0	23.7
麸皮	13.3	10.7	7.1	9.9	8.2
菜籽饼		4.0	4.0		4.0
花生饼			4.0	4.0	3.0
石粉	1.0	1.0	1.0	1.0	1.0
氢钙	1.4	1.4	1.4	1.4	1.4
食盐	0.3	0.3	0.3	0.3	0.3
预混料	1.0	1.0	1.0	1.0	1.0
合计	100	100	100	100	100
营养水平					
消化能(兆焦/千克)	13.18	13.22	13.10	12.26	1.05
粗蛋白	18.71	18.87	18.44	18.77	18.46

3. 仔猪日粮配方之二(％)

项目 ＼ 体重(千克)	1～5	5～10		10～20		
全脂乳粉	20.0	20.0		13.5		
脱脂乳粉			10.0			
玉米粉	15.3	11.0	43.5	13.0	54.2	59.5
小麦粉	28.2	20.0		22.0		
高粱粉		9.0	10.0	10.0	7.8	6.2
小麦麸			5.0		6.0	5.0
豆饼粉	22.0	18.0	20.0	20.0	21.0	23.7
鱼粉	8.0	12.0	7.0	12.0	8.3	3.3
酵母粉	4.0	4.0	2.0	4.0		
白糖		3.5		3.5		
碳酸钙	1.0	1.5	0.1	1.5	0.3	0.45
磷酸钙						0.65
食盐			0.4		0.3	0.4
淀粉酶	1.0	0.2				
胃蛋白酶		0.3				
胰蛋白酶	0.5					
微量元素添加剂			1.0		1.0	
维生素添加剂			1.0			
矿-维混合		0.5		0.5		0.76
混合料干物质	91.90	93.12	90.10	95.14	89.23	88.9
营养水平						
消化能	15.27	15.56	13.60	15.56	13.51	13.72
(兆焦/千克)						
粗蛋白	25.2	26.3	22.0	27.1	20.2	18.0

4. 仔猪日粮配方之三(仔猪断乳日粮配方)(%)

项目＼仔猪日龄	5～44	45～59	5～59	60～75
玉米	20.0	20.0	22.0	32.0
高粱	13.0	13.0	20.0	15.0
小米	18.0	16.0		
麸皮	4.4	4.4	15.0	15.0
米糠		5.0	5.0	10.0
豆饼	20.0	20.0	35.0	25.0
炒大豆粉	5.0	5.0		
酵母粉	11.0	11.0		
砂糖	3.0			
鱼粉	4.0	4.0		
骨粉	1.0	1.0	1.0	1.0
贝粉	0.6	0.6	1.0	1.0
食盐	另加	另加	1.0	1.0
营养水平				
消化能(兆焦/千克)	13.93	14.31	13.51	13.47
粗蛋白	18.4	18.8	15.5	13.2

5. 生长猪日粮配方(适用于 20～50 千克生长猪)(%)

项目 \ 编号	1	2	3	4	5
玉米	51.7	49.2	49.6	50.7	51.7
豆粕	19.0	16.6	13.4	15.0	14.9
麸皮	25.0	25.0	25.0	25.0	25.0
菜籽饼		5.0	4.0		
花生饼			4.0	5.0	
棉籽饼					4.0
石粉	1.8	1.8	1.7	1.9	2.0
氢钙	1.2	1.1	1.1	1.1	1.1
食盐	0.3	0.3	0.3	0.3	0.3
预混料	1.0	1.0	1.0	1.0	1.0
合计	100	100	100	100	100
营养水平					
消化能 (兆焦/千克)	12.47	12.34	12.13	12.13	12.26
粗蛋白	16.01	16.48	15.95	15.66	15.87

6. 肥育猪日粮配方
（适用于体重 50～100 千克的肥育猪）（%）

项目＼编号	1	2	3	4	5
玉米	65.0	66.0	67.0	64.0	63.0
豆粕	11.3	7.4	2.5	8.4	4.2
麸皮	16.3	13.2	15.1	14.2	17.4
鱼粉			2.0		2.0
菜籽饼		6.0	5.0		5.0
棉籽饼	3.0	3.0	4.0	4.0	4.0
石粉	2.0	2.0	2.0	2.0	2.0
氢钙	1.1	1.1	1.1	1.1	1.1
食盐	0.3	0.3	0.3	0.3	0.3
预混料	1.0	1.0	1.0	1.0	1.0
合计	100	100	100	100	100
营养水平					
消化能（兆焦/千克）	12.72	12.59	12.72	12.64	12.59
粗蛋白	13.82	13.71	13.2	14.31	13.92

7. 妊娠母猪日粮配方(%)

项目＼编号	1	2	3	4	5
玉米	54.6	52.0	49.5	54.0	53.1
豆粕	11.4	8.1	8.6	4.4	8.7
麸皮	30.0	30.0	30.0	30.0	30.0
鱼粉				2.0	
菜籽饼		6.0	5.0	6.0	4.2
花生饼			3.0		
石粉	1.3	1.3	1.4	1.3	1.4
氢钙	1.4	1.3	1.2	1.0	1.3
食盐	0.3	0.3	0.3	0.3	0.3
预混料	1.0	1.0	1.0	1.0	1.0
合计	100	100	100	100	100
营养水平					
消化能（兆焦/千克）	12.22	12.05	12.05	12.05	12.18
粗蛋白	13.69	14.7	14.7	13.6	14.0

8. 哺乳母猪日粮配方(%)

项目 \ 编号	1	2	3	4	5
玉米	60.5	61.6	63.7	62.3	63.3
豆粕	16.3	13.2	11.4	9.2	8.1
麸皮	19.2	15.3	11.0	16.9	13.0
鱼粉				2.0	2.0
菜籽饼		6.0	6.0	6.0	6.0
花生饼			4.0		4.0
石粉	1.2	1.1	1.1	1.1	1.1
氢钙	1.5	1.5	1.5	1.2	1.2
食盐	0.3	0.3	0.3	0.3	0.3
预混料	1.0	1.0	1.0	1.0	1.0
合计	100	100	100	100	100
营养水平					
消化能 (兆焦/千克)	12.76	12.85	12.87	12.76	12.89
粗蛋白	14.7	15.05	15.3	14.6	15.2

附录三 中、小型猪场主要传染病的免疫程序

1. 猪瘟

(1)种公猪:每年春、秋季用猪瘟兔化弱毒疫苗各免疫接种1次。

(2)种母猪:于产前30天免疫接种1次;或春、秋两季各接种1次。

(3)仔猪:20日龄、70日龄各免疫接种1次;或仔猪出生后未吃初乳前立即用猪瘟兔化弱毒疫苗免疫接种1次,接种2小时后可哺乳。

(4)后备猪:产前1个月免疫接种1次;选留作种用时立即免疫接种1次。

2. 猪丹毒、猪肺疫

(1)种猪:春、秋两季分别用猪丹毒和猪肺疫菌苗各免疫接种1次。

(2)仔猪:断奶后分别用猪丹毒和猪肺疫菌苗免疫接种1次。70日龄分别用猪丹毒、猪肺疫菌苗免疫接种1次。

3. 仔猪副伤寒

仔猪断奶后(30～35 日龄)口服或注射 1 头份仔猪副寒菌苗。

4. 仔猪大肠菌病(黄痢)

妊娠母猪于产前 40～42 天和 15～20 天分别用大肠杆菌腹泻菌苗(K_{88}、K_{99}、987P)免疫接种 1 次。

5. 仔猪红痢

妊娠母猪于产前 30 天和产前 15 天分别用红痢菌苗免疫接种 1 次。

6. 猪气喘病

(1)种猪:成年猪每年用猪气喘病弱毒菌苗免疫接种 1 次。
(2)仔猪:7～15 日龄免疫接种 1 次。
(3)后备种猪:配种前再免疫接种 1 次。

7. 猪乙型脑炎

种猪、后备母猪在蚊蝇季节到来前(4～5 月份),用乙型脑炎弱毒疫苗免疫接种 1 次。

8. 猪传染性萎缩性鼻炎

(1)公猪、母猪:春秋季各注射 1 次。
(2)仔猪:70 日龄注射 1 次。

附录四 中、小型猪场寄生虫病 控制程序

1. 药物选择

应选择高效、安全、广谱的抗寄生虫药。

2. 常见蠕虫和外寄生虫控制程序

(1)首次执行本寄生虫病控制程序的猪场,应对全场猪只进行彻底驱虫。

(2)对妊娠母猪于产前1～4周内用抗寄生虫药驱虫1次。

(3)对公猪每年至少用药2次;但对外寄生感染严重的猪场,每年应用药4～6次。

(4)所有仔猪在转群时用药1次。

(5)后备母猪在配种前用药1次。

(6)新购进的猪只用伊维菌素治疗2次(每次间隔10～14天)后,隔离饲养至少30天才能和其他猪只并群饲养。

附录五　养猪常用的疫(菌)苗及使用

1. 干燥猪瘟兔化弱毒疫苗(猪瘟冻干菌)

【性状】　淡黄或淡红色海棉状疏松团块,易与瓶脱离,加稀释液后迅速溶解。

【用途】　预防猪瘟。

【用法与用量】　临用前,按瓶签说明头份加灭菌生理盐水稀释。不论大小猪一律肌肉或皮下注射 1 毫升,注射后 4 天产生免疫力。

【免疫期】　6 个月至 1 年。

【注意事项】

①断奶后无母源抗体的仔猪注射一次即可。

②有疫情威胁时,仔猪可于生后 21～30 日龄和 65 日龄各注射一次。

③已稀释的疫苗限当日用完。

【有效期】　-15℃保存 1 年;0～8℃保存 6 个月;25℃保存 10 天。

2. 猪丹毒氢氧化铝甲醛菌苗

【性状】　灰白色均匀混悬液,久置后发生灰白色沉淀,上层为橙黄色透明液体,振摇后能均匀分散。

【用途】　预防猪丹毒。

【用法与用量】　皮下或肌内注射,体重 10 千克以上 5 毫升,未断奶仔猪 3 毫升(间隔 30 天再注射 3 毫升),注射后 7 天产生免疫力。

【免疫期】　6 个月。

【注意事项】　用时用力振荡均匀。

【有效期】　2～15℃保存 18 个月;16～18℃保存 1 年。

3. 猪肺疫氢氧化铝菌苗

【性状】　用力振摇后为均匀混浊液。

【用途】　预防猪肺疫。

【用法与用量】　不论大小猪一律皮下注射 5 毫升。

【免疫期】　9 个月。

【注意事项】　用时用力振摇均匀。

【有效期】　－15℃保存 1 年;0～8℃保存 6 个月,20～25℃保存 10 天。

4. 猪瘟、猪丹毒二联冻干苗

【性状】　微黄或淡褐色海棉状疏松团块,易与瓶脱离,加水稀释后迅速溶解。

【用途】　预防猪瘟、猪丹毒。

【用法与用量】　按瓶签标明头份数,加入生理盐水或铝胶生理盐水稀释,每头肌内注射 1 毫升。

【免疫期】　猪瘟 1 年,猪丹毒 6 个月。

【有效期】　－15℃保存 1 年;0～8℃保存 6 个月,20～25℃保存 10 天。

5. 猪瘟、猪丹毒、猪肺疫三联冻干苗

【性状】 微黄或淡褐色海棉状疏松团块,易与瓶脱离,加水稀释粹后迅速溶解。

【用途】 预防猪瘟、猪丹毒、猪肺疫。

【用法与用量】 临用前,按瓶签标明头份数用20％铝胶生理盐水稀释,不论大小猪一律肌肉或皮下注射1毫升。

【免疫期】 猪瘟1年,猪丹毒和猪肺疫6个月。

【有效期】 -15℃保存1年;0～8℃保存6个月,20～25℃保存10天。

6. 猪水疱病活疫苗

【性状】 淡粉红色混悬液。

【用途】 预防猪水疱病。

【用法与用量】 肌内注射2毫升。

【免疫期】 6个月。

【注意事项】 用时用力振荡均匀。

【有效期】 -15℃保存1年;4～10℃保存3个月,20～25℃保存7天。

7. 仔猪副伤寒弱毒冻干苗

【性状】 灰白色海棉疏松团块,易与瓶脱离,加稀释液后迅速溶解。

【用途】 预防仔猪副伤寒病。

【用法与用量】 临用前,用20％氢氧化铝胶生理盐水稀释,肌内注射(耳后浅层),仔猪1毫升。

【免疫期】 6个月。

【注意事项】

(1)注射猪可能出现过敏反应,1~2 天即可自行恢复。

(2)本疫苗亦可口服,但注明口服者不能注射用。

【有效期】 —15℃保存 1 年;2~8℃保存 9 个月;25~30℃保存 10 天。

8. 仔猪红痢菌苗

【性状】 灰白色均匀混悬液,久置后,发生灰白色沉淀,上层为橙色透明液体,经振摇后能均匀分散。

【用途】 预防仔猪红痢。

【用法与用量】 初产母猪在分娩前 30 天和 15 天各注射 5~10 毫升。经产母猪如前胎已注射过本品,可在分娩前 15 天肌内注射 3~5 毫升。

【免疫期】 1 年。

【有效期】 2~15℃冷暗处保存 18 个月。

9. 破伤风抗毒素

【性状】 橙黄色澄明液体,在冷暗处久置后,瓶底有微量灰白色沉淀。

【用途】 用于预防或治疗各种家畜破伤风。

【用法与用量】 皮下、肌内或静脉注射。预防用量 1200~3000 AE(抗毒素单位);治疗用量 5000~20 000 AE。

【有效期】 2~15℃保存 2 年。

彩图 1　长白猪（母）

彩图 2　大约克夏猪（母）

彩图 3　杜洛克猪（公）

彩图 4　汉普夏猪（公）

彩图 5　皮特兰猪（公）

彩图 6　东北民猪（母）

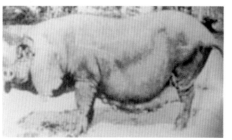
彩图7 太湖猪（母）

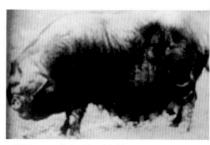
彩图8 内江猪（母）

彩图9 三江白猪（公）

彩图10 哈白猪（公）

彩图11 上海白猪（母）

彩图12 金华猪（母）

彩图13 北京花猪（母）

彩图 14　养猪场外景

彩图 15　半封闭式猪舍

彩图 16　塑料暖棚猪舍

彩图 17　塑料暖棚保育猪栏

彩图 18　育肥猪栏

彩图 19　妊娠母猪定位栏

彩图 20　母猪高床分娩栏

彩图 21　饲料混合机

彩图 22　仔猪运输车

彩图 23　自动食槽

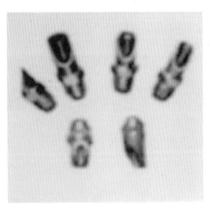

彩图 24　自动饮水器

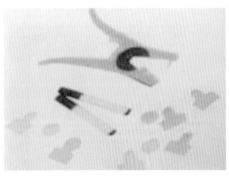

彩图 25　耳号钳、耳号牌、耳号笔